北欧の照明
デザイン ＆ ライトスケープ

文・写真 小泉 隆

Nordic Lighting
Design and Lightscape

text & photography by Takashi Koizumi

学芸出版社

CONTENTS

Introduction　北欧の照明デザインについて　4

Poul Henningsen　8
　　　　　　　　　　　ポール・ヘニングセンの人物像と多彩な活動　10
　　　　　　　　　　　ヘニングセン自邸　14
　　　　　　　　　　　ヘンネ・メッレ川のシーサイドホテル　16
　　　　　　　　　　　ヘニングセンの照明理論　18
　　　　　　　　　　　初期の照明デザイン　24
　　　　　　　　　　　パリランプ　34
　　　　　　　　　　　フォーラムランプ　40
　　　　　　　　　　　3枚シェードのPHランプの特質　46
　　　　　　　　　　　世界中に普及した3枚シェードのPHランプ　50
　　　　　　　　　　　ルイスポールセン社との関わり　56
　　　　　　　　　　　オーフス駅の3枚シェードのPHランプ　58
　　　　　　　　　　　デーンズ・ランドリーのPHグローブとPH蛍光灯　60
　　　　　　　　　　　PHセプティマと4枚シェードのPHランプ　64
　　　　　　　　　　　チボリ公園の照明　66
　　　　　　　　　　　戦時中の紙製プリーツランプ　72
　　　　　　　　　　　PH5　74
　　　　　　　　　　　PHコントラスト　76
　　　　　　　　　　　ランゲリニエ・パヴィリオンのPHアーティチョークとPHプレート　78
　　　　　　　　　　　PHルーブルとPHスノーボール　82
　　　　　　　　　　　オーフス大学メインホールのスパイラルランプ　84
　　　　　　　　　　　オーフス劇場のダブルスパイラルランプ　88

Alvar Aalto　90
　　　　　　　　　　　キャンドル器具のデザイン　92
　　　　　　　　　　　PHランプが設置された初期の作品　96
　　　　　　　　　　　労働者会館の照明　98
　　　　　　　　　　　標準仕様の照明器具　100
　　　　　　　　　　　パイミオのサナトリウムの照明　102
　　　　　　　　　　　ヴィープリの図書館の照明　106
　　　　　　　　　　　アルテック社の設立　108
　　　　　　　　　　　アルテック社の照明工場　112
　　　　　　　　　　　レストラン・サヴォイとゴールデンベル　114
　　　　　　　　　　　マイレア邸書斎の照明　118
　　　　　　　　　　　ルイ・カレ邸の展示照明　120
　　　　　　　　　　　球形のスポットライト　124
　　　　　　　　　　　有機的なフォルムを用いたランプ　126
　　　　　　　　　　　円筒形のペンダントランプ　128
　　　　　　　　　　　ポール・ヘニングセンからの影響　130
　　　　　　　　　　　リング状のシェードで光源を包み込んだ照明　132
　　　　　　　　　　　小型の照明器具　136
　　　　　　　　　　　図書スペースの照明　138
　　　　　　　　　　　自然光と人工光の調和　140
　　　　　　　　　　　ユニークな外灯　142
　　　　　　　　　　　窓辺のペンダントランプ　144
　　　　　　　　　　　暗さを楽しむ照明　146
　　　　　　　　　　　小さな灯りを束ねた照明　148
　　　　　　　　　　　ペンダントランプ群による空間の演出　150

Kaare Klint　154	クリント家とレ・クリント社　156 工房での職人による手作業　158 日本の提灯や行灯からの影響　160
Vilhelm Lauritzen　164	ラジオハウスの照明　166
Arne Emil Jacobsen　172	オーフス市庁舎の照明　174 SAS ロイヤルホテルの照明　182 ムンケゴーランプ　186 ロドオウア市庁舎の議場の照明　188
Finn Juhl　190	国際連合本部ビル信託統治理事会会議場のブラケットランプ　192 二重シェードの照明器具　194 自邸の照明コレクション　196
Hans Jørgensen Wegner　198	ザ・ペンダントとオパーラ　200 初期のドローイングに見る照明デザイン　202 ウェグナーと名づけられた街路灯　203
Jørn Utzon　204	建築作品にも通じる照明器具のデザイン　206
Erik Gunnar Asplund　208	イェーテボリ裁判所増築部の照明　210 ストックホルム市立図書館の照明　212 森の火葬場の照明　214
Erik Bryggman　218	復活礼拝堂の照明　220
Juha Ilmari Leiviskä　224	浮遊する照明器具　226

資料編　233
　　　年表　234
　　　事例・所在地リスト　236
　　　参考文献　238

あとがき　239

Introduction
北欧の照明デザインについて
小泉 隆

北欧の灯りの文化

　高緯度に位置する北欧諸国では、太陽がなかなか沈まず白夜や薄暮が続く夏がある一方、日照時間が短い冬は天候も悪く、寒く暗い時期が長く続く。古来このような光と闇のサイクルの中で暮らしてきた北欧の人々には、光を大切にしながら生活する文化が根付いている。とりわけ寒く暗い冬にキャンドルや照明器具をうまく設えている北欧の人々の暮らしには、連綿と受け継がれてきた豊かな灯りの文化を感じずにはいられない。そして、そのような土壌ゆえであろう、照明器具にも優れたデザインのものが多い。

　本書は、20世紀を代表する北欧の建築家およびデザイナー11名による照明デザインと光の扱いについてまとめたものである。具体的な個々の紹介に先立ち、ここでは彼らの諸作品から見えてくる北欧の照明デザイン全般に通底する特徴について概観しておきたい。

本書で取り上げる11名の建築家・デザイナー

　北欧の照明デザインを語る際にまず挙げられるのが、「近代照明の父」とも呼ばれるデンマーク人デザイナー、ポール・ヘニングセンであろう。まだ良質な照明器具がなかった1920年代、ヘニングセンは様々な照明理論を発表するとともに、斬新な照明器具のデザインに着手した。当時の建築家がヘニングセンの照明を自身の建築作品で使用している例が数多く確認できることからも、彼の照明デザインの先進性をうかがい知ることができる。また、ヘニングセンの照明理論は、北欧の枠を越えて世界中に浸透しており、その影響は絶大なものがある。

　そして、もう一人の重要人物が、フィンランドの近代建築の礎を築いた巨匠アルヴァ・アアルトだ。アアルトらしいユニークな形をした照明器具はアルテック社より製品化されており、世界中で愛されている。一方、製品化された照明以外にも、建築プロジェクトに応じて個別に器具を多数設計しており、自然光と人工光を調和させる手法などには建築家としての視点も感じられ、実に興味深い。

　さらに本書では、ヘニングセンとアアルトの二人に加え、以下の建築家・デザイナーの照明器具を紹介する。まずデンマークからは、建築家、家具デザイナーであり、教育者としても活躍したコーア・クリント。さらには、デンマークのモダニズムの発展に大きく寄与した建築家であるヴィルヘルム・ラウリッツェンとアルネ・ヤコブセン、そして著名な家具デザイナーのフィン・ユールとハンス・J・ウェグナー。加えて、シドニー・オペラハウスの設計者として

知られる建築家ヨーン・ウッツォン。一方、スウェーデンからは、アアルトをはじめとして後進の多くの建築家に影響を与えた北欧建築界の巨匠エリック・グンナール・アスプルンド。フィンランドからは、当時アアルトの最大のライバルとも言われた建築家エリック・ブリュッグマンとアアルトの流れを汲み現在も活躍する建築家ユハ・レイヴィスカ。彼らは、ヘニングセンやアアルトに比して数は少ないものの、いずれも優れた照明器具を生み出しており、北欧の照明デザインの発展にそれぞれに貢献している9名である。

光の質を重視した人間に優しい照明デザイン

　ヘニングセンは、1927年に「近代照明の三原則」を提示し、その一つに「まぶしさを排除すること」を掲げた。このまぶしさを排除し、質を重視した人間に優しい光を追求する姿勢は、北欧の照明デザインに共通する最大の特徴と言えるだろう。
　ヘニングセンがその原則を掲げた同時期には、オランダの建築家ヘリット・リートフェルトをはじめとして、ドイツのバウハウスに在籍した建築家やデザイナーらも照明器具をデザインしているが、そこでは光の質よりも器具そのものの幾何学的な形態に重きが置かれたものが多かった。それに対して、ヘニングセンはそのような照明のあり方を徹底的に批判し、一方で人間の心理や生理に熟慮した照明器具と光環境の理論を発表した。また、「建築を人間的にする」ことを掲げたアアルトも、自身の建築設計において人間の眼に優しい光環境の構築を重視し、同様に光の質の重要性を説いている。
　ヘニングセンは、まぶしさを排除する解決法として光源を複数のシェードで包み込む手法を編み出したが、そのシェードの隙間から漏れる淡い光は北欧の照明器具のあり方を象徴する光と言えよう。また、コーア・クリントがデザインした紙製の照明器具においても、紙という素材の特性を活かした形で優しい光を目にすることができる。

フォルムの美しさ

　そのような光の質もさることながら、北欧の照明器具はフォルムそのものの美しさも大きな魅力であり、点灯時はもちろん消灯時も私たちの眼を楽しませてくれる。
　ヘニングセンは、形自体の美しさだけでなく、光学的にも有効な「対数螺旋」の形状をデザインに採り入れており、独特のフォルムが生み出されている。また、シェードを重ねることで器具そのものの形状が美しく照らし出される点も彼のデザインの特徴の一つとして挙

げられるだろう。
　一方、アアルトの照明器具には、彼の建築作品と同様、自由な曲線を用いた有機的な形態にデザインされたものが多い。照明からの柔らかな光とともに、そのユニークな形が温和な印象を与えてくれる。また、紙をプリーツ状に折り上げたシェードが特徴的なクリントの照明器具では、繊細な幾何学パターンによって浮かび上がるフォルムが美しく、そのデザインは日本の行灯や提灯から影響を受けていると言われる。
　ヤコブセンの照明器具は洗練された近代的なフォルムが秀逸だが、ムンケゴーランプのように器具周辺との光の対比を抑える工夫が施された器具も見られ、光の質にも配慮されている。また、ラウリッツェンの照明では温かみのあるフォルムが魅力的だが、ドローイングからは単なる形のデザインに留まらず光を機能的にコントロールしようとする姿勢がうかがえる。

優れた製作・販売メーカーの存在
　デザインを普及させるにはデザイナー・製作者・販売者の三者の関係が大切だと言われるが、北欧には優れた照明メーカーが存在しており、良質な照明器具を生み出す背景を形づくっている。
　1920年代よりヘニングセンとの協働のもと数多くの照明を生み出してきたルイスポールセン社は、北欧の照明デザインの発展を語る上で欠かせない存在であり、北欧の優れた照明器具を世界中に広めた功績は大きい。
　デンマークのもう一つの照明メーカー、レ・クリント社も老舗として今なお健在だ。多くのメーカーが大企業の傘下に買収されていくなか、クリント家を母体としながら財団を設立、自立した体制を形成しており、1943年の創立当初よりオーデンセの街で伝統を守りながら新たな照明器具を生み出し続けている。また、1935年にアアルト自らが設立したアルテック社は、まさに三者が一体化した理想的な存在であった。
　なお、近年設立された照明メーカーのライトイヤーズ社、パンダル社、アンド・トラディション社などでは、新製品を生産する一方で、過去の優れた照明器具の復刻にも力を入れている。その取り組みには、時を超えて存在する良質なデザインを大切にする「タイムレス・デザイン」の文化を感じることができる。

リ・デザインの土壌

　過去を否定するモダニズムに対して、過去のものから学びつつ時代に即した形に再構成する「リ・デザイン」の考え方を掲げたコーア・クリントに代表されるように、北欧にはリ・デザインの土壌が育まれており、照明デザインにもその姿勢が垣間見られる。

　複数シェードを重ね合わせるヘニングセンのデザインは、彼と交流のあったアアルトにも影響を及ぼしており、ウッツォンへと受け継がれている。また、レイヴィスカは自らヘニングセン、アアルトの影響を受けたことを公言しているが、その上で独自のデザインを展開している。さらには、北欧ロマンティシズムの流れを継承するブリュッグマンの照明器具には、アスプルンドからの影響を認めることができる。

　他にも、若きハンス・J・ウェグナーはヤコブセンの事務所でオーフス市庁舎の仕事に携わり、フィン・ユールはラウリッツェンの事務所でラジオハウスを担当していたことが知られているが、そこでの交流が後に及ぼしたであろう影響も見逃せないだろう。

　このように先達からの影響を尊重しながら時代性や作家の個性を加えて新たなものを生み出していく「リ・デザイン」の姿勢が、北欧全体として質の高い照明デザインを形成する大きな要因になっていると言えるだろう。

注
・本書に登場する照明器具を取り扱う会社名やブランド名は、人名や器具名称などとの混同を避けるためにすべて「社」をつけて表記している。
・本書に掲載している図版を作成する際に用いた参考文献については、各キャプションに［　］にて文献番号を記している（各番号は p.238 に掲載している参考文献リストの文献番号に対応）。なお、各種図面、写真、現地での観察をもとに推測して描いたものには［O］を付記している。

Poul Henningsen

ポール・ヘニングセン
1894-1967

　批評家、建築家、デザイナー、映画監督、シンガーソングライターと多彩な顔をもつ天才として知られるポール・ヘニングセン。そんな彼の主要な業績としてまず挙げられるのが、照明デザインである。

　「近代照明の父」とも言われるヘニングセンは、電球が発明されて間もなく、まだ良質な照明器具の理論やガイドラインがない時代において、照明に関する様々な理論や哲学を発表するとともに、「3枚シェードのPHランプ」「PH5」「PHアーティチョーク」といった数多くの優れた照明器具を生み出した。その理論や哲学は本国デンマークはもとより、世界中に大きな影響を及ぼし、現代においても今なお引き継がれている事柄も多い。

　ヘニングセンによる照明器具は、製品化を目的にデザインされたもの、もしくはある建物のためにデザインしたものを、デンマークを代表する照明メーカーであるルイスポールセン社が製品化したものが多数を占めているが、製品化されていないものの中にもチボリ公園、オーフス大学のメインホール、オーフス劇場など個別のプロジェクトや建築において興味深い照明器具も見られる。

　これらの照明器具では、形や用途は異なりながらも、「人間にとって良質な光を与える照明」というヘニングセンの哲学が貫かれている。

ポール・ヘニングセンの人物像と多彩な活動

　下の写真は、1920年代後半のポール・ヘニングセン。写真家が強い光を向けたため、機嫌が悪くなり攻撃的な表情を見せている。くわえ煙草は彼のトレードマークだった。「照明器具」「執筆行為」「レコード」の三つをこよなく好んだと言われるが、PHランプ、タイプライター、レコード、タバコ、現代フランスのポスターなどとともに撮影されたこの写真は、その時代の雰囲気とヘニングセンの存在をうまく捉えているように思われる。

　ヘニングセンは、1894年、女優のアグネス・ヘニングセンを母として、首都コペンハーゲンに生まれた。高等学校を中退し、テクニカル・カレッジで建築工法を学んだ後、コペンハーゲン・ポリテクニック（技術専門学校）の入学試験に合格するが、建築を学ぶために再度テクニカル・カレッジに入学している。しかしながら、1917年に卒業試験直前でテクニカル・カレッジを中退し、アート刊行誌の共同編集を始める。その後、ヘニングセンの多岐にわたる興味と才能が開花し、批評家、建築家、デザイナー、映画監督、シンガーソングライターなど、様々な分野で活躍することとなる。

　本国デンマークでは、舌鋒鋭く歯に衣を着せぬ、辛辣な批評家として、社会に大きな影響を与える存在だったようだ。第二次世界大戦時には徹底的な反ナチス主義を貫き、1943年には妻とアルネ・ヤコブセン夫妻との4人で手漕ぎボートに乗って狭い海峡を渡り、スウェーデンに亡命することを余儀なくされている。

　ここでは、ヘニングセンの照明デザイン以外の主要な活動を紹介していこう。

批評家

新聞その他で批評家として活躍したヘニングセンだが、その批評の発表の場として重要なものの一つが、1926年に建築家トーキルド・ヘニングセン、アドヴァード・ハイベアと共同で創刊した左派系刊行誌『クリティクス・レヴュー』である。創刊号ではヘニングセンが照明デザインに関する論文を発表しており、その後1928年まで発行された。

そして最も重要な役割を果たしていたのが、ルイスポールセン社の広報誌『NYT』である（NYTはデンマーク語で"新しい"を意味する）。ヘニングセンがデザインした照明器具を製作・販売し、生涯を通して共同作業を行うこととなったルイスポールセン社は、1941年、『NYT』を創刊するにあたって編集長をヘニングセンに依頼した。それにより格

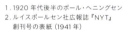

1. 1920年代後半のポール・ヘニングセン
2. ルイスポールセン社広報誌『NYT』 創刊号の表紙 (1941年)
3. スパイラル・チェア (1932年)
4. 夜用メガネ「オカルト」(1950年代)
5. グランドピアノ (1931年)

好の批評の場を得たヘニングセンは、照明や光の質について論じたり、時には現代文化への痛烈な批評を掲載し、その刺激的かつ爽快な内容は、主義主張が抑圧された戦時中に多くの読者から支持を集めた。なお『NYT』は、ヘニングセンが亡くなった1967年以降も、スタンスは守られたまま2009年10月588号まで発行された。
　その他、『ポリティケン』(1921～38年、1960～67年)、『インフォーマシオン』(1947～50年)、『ソシアル・デモクラシン』(1950～59年)といった新聞において論説委員なども務めている。

デザイナー

　照明器具の他にも、ピアノ、スツール、メガネなどをデザインしているが、どの作品もユニークで、ユーモアに満ちあふれている。1931年にデザインされたグランドピアノは、演奏中にハンマーが上下する様子を見ることができるシースルーのデザインで、大胆に湾曲する猫足も特徴的である。このピアノは、アルヴァ・アアルトの名作住宅であるマイレア邸のミュージックルームに置かれていることでも知られる。一方、スツールでは、照明器具にも見られる螺旋のモチーフが用いられているものもある。また、「オカルト」と名づけられたメガネは、夜の街灯の光から瞳を守る夜用のメガネとしてデザインされている。

建築家

　テクニカル・カレッジで建築を学んだヘニングセンは、建築家としての活動も行っている。建築家としては「労働者に十全な生活環境を提供する良質な住宅をデザインすること」を

ポール・ヘニングセンの主要な建築作品リスト

1919年	デンマーク学生ボートクラブ（最初の設計契約）
1921年	建築家カイ・フィスカーとの共同設計による住宅
1924年	コペンハーゲン市内の集合住宅棟
1935年	ヘンネ・メッレ川のシーサイドホテル
1936年	蒸気式洗濯工場デーンズ・ランドリー
1937年	自邸
1941年	チボリ公園のチーフ建築家に就任
1942年	母の家
1953年	ビンデスモルの邸宅を児童施設に改築
1956年	チボリ公園のガラスホール改築
1964年	自身のサマーハウス

使命の一つにしていたと言われるが、一般の人々に良質な光環境を提供しようとした照明デザインに関する彼の哲学にも通じるものがある。主要な建築作品をリストにまとめたが、本書では自邸 (p.14) とヘンネ・メッレ川のリバーサイド・ホテル (p.16) を紹介する。

その他

　その他の活動で興味深いものとしては、監督として現代的な視点で自然と都市の両面を描き出した映画『デンマークフィルム』(1935 年)、「凧」への関心から刊行した書籍『8 才から 128 才の子供たちへの PH 凧』(1955 年) とそれにまつわる活動、舞台装置の演出やデザイン、オーヴ・ブリュセンドルフとの共著『エロス絵画集』シリーズの刊行 (1956 〜 59 年)、さらにはシンガーソングライターとしての活動などが挙げられる。また、絵画からも彼の才能が感じられ、17 歳のときに描いたフレデリクスベア市 (コペンハーゲンの隣町) の風景画からは光と色を再現したいという欲求を読みとることができるが、その欲求はやがて照明へと向けられていくことになる。

6. ヘニングセンが監督した映画『デンマークフィルム』(1935 年)
7. PH 凧
8. 寸劇のため舞台美術 (1931 年)
9.『エロス絵画集〈北欧版〉』(二見書房、1968 年)
10. アコーディオンを弾くヘニングセン
11. 17 歳のヘニングセンが描いたフレデリクスベア市の風景画
12. PH5 をかぶるヘニングセン

ヘニングセン自邸

　ヘニングセンが1937年、コペンハーゲン北の高級住宅地ゲントフテに設計した自邸。当時、その地域には建築家や芸術家が数多く住んでおり、お互いに親交もあったようだ。

　急斜面の敷地に建つこの住宅は、傾斜に合わせて昇る階段を主軸としてその両側と突き当たりに諸室が配されている。それらは2層分の高さの中で11の異なる床レベルを有しており、下階から最上階の突き当たりに位置する光に満ちた部屋に向かって、階段を昇るにつれて明るさの異なる空間が現れる。ヘニングセンの建築では光、階段、螺旋などが大きなテーマとして扱われるが、この自邸では光と階段が主要テーマになっていると言えよう。建設当時の写真によると、中央階段にはヘニングセンがデザインした照明器具「PHグローブ」(p.60)が設置されていた。

　なお、この自邸は2014年に、歴史的建造物の保存や再生、都市開発などを行うレアルダニア都市建設会社が引き取り、オリジナルを尊重しながら改修工事がなされ、2016年に完了している。構造はコンクリートブロック造、窓枠はすべて鉄製。部屋の内装は色とりどりで、ブルーの天井とグリーンの壁を主とする。寝室と長い通路の壁紙には、ヘニングセンの義理の兄である画家アルベルト・ナウアーにより裸の女性たちが描かれていたが、この壁紙もデザイナーのハイディ・ジルマーの手により再現された。なお、この裸の女性のモチーフは、中産階級に対するヘニングセンの反乱を表していると言われる。

1. 外観 (2015年改修時)
2. 階段突き当たりの部屋のトップライト (2015年改修時)
3. 居間 (2016年改修後)
4. ヘニングセンがオフィスにしていた部屋 (2016年改修後)
5. ゲストルーム (2016年改修後)
6. 裸の女性が描かれた壁紙 (2016年改修後)
7. 中央階段 (1937年建設当時)
8. 同 (2016年改修後)

ヘンネ・メッレ川のシーサイドホテル

　ユトランド半島西部の海岸に位置する観光地ヘンネに、ヘニングセンが1935年に設計したホテル。ヘニングセンと知り合いだったとある姉妹が、砂丘の中をヘンネ・メッレ川が蛇行して海へと流れていく土地でホテルを経営したいと思いたち、ヘニングセンに設計を依頼した。

　傾斜する砂丘に寄り添うように建てられており、レストランでは直線階段に沿って階段状に部屋が展開し、自邸と同様に階段が大きなテーマとして扱われている。

　1987年には、オリジナルを尊重しながら修復・増改築が行われた。外装や内装は、無駄な装飾を省き、簡素でローコストなつくりだが、客室やレストランなどにはヘニングセンのPHランプが配されており、その灯りを楽しむことができる。

1. レストラン
2. 客室
3. 客室外部のテラス
4. 客室に配されたPHランプ
5. 外観と周辺のランドスケープ

ヘニングセンの照明理論

　1920年代、ヘニングセンは、良質な光を提供する理想的な照明器具の実現に向け、理論の構築と実践を進めていった。その論考は、デンマークの『クリティクス・レヴュー』『ポリティケン』『NYT』、スウェーデンの『FORM』などの誌上で発表されているが、ここではそれらを適宜紹介しながらヘニングセンの照明理論を概観していこう。

　「私のつくる照明器具は美術品ではない」と語るヘニングセンは、自身がデザインする照明器具を美術品ではなく、生活を支援するのに必要な技術的な機器として捉えていた。そして、「目的は、照明器具を科学的な方法によって衛生面、経済面、そして美的な側面において発展させることだ」と明言している。その上で様々な理論が展開されるが、その理論は照明器具だけにとどまらず、照明器具によって照らされる周囲のものや空間にまで言及されており、ものや光の視知覚の問題にまで踏み込んで論じられている。

近代照明の三原則

　ヘニングセンは、1927年に近代照明に必要な次の三つの原則を提示した。

　　①完全にグレア（まぶしさ）を取り除くこと（グレアフリー）
　　②必要な場所に適切に光を導くこと（以下「配光」）
　　③用途や雰囲気づくりに応じて、適切な色の光を用いること

　ヘニングセンは生涯を通じて多種多様な照明器具をデザインしているが、それらのほぼすべてがこの三原則をもとにつくられていると言ってよい。まずは、この三原則を軸としてヘニングセンの照明理論を見ていこう。

グレアフリー

　グレアとは"まぶしさ"のことであり、主として光源からの光が直接眼に入ることで発生する。ヘニングセンは、まぶしさと悪い照明によって引き起こされる眼の疲労等について書かれた医学書なども参考にしながら、まぶしさを感じる照明は衛生的・生理的な面で眼に悪影響を及ぼし、お金をかけて設置する照明によって眼を悪くすることは不経済だとする。さらに、このグレアを美的な問題としても捉え、「まぶしさを感じると、部屋は灰色になり、とても貧しい光のように感じられる」として、徹底的に取り除くべきだと説いた。

　光源が外から直接見えないようにシェードで包み込まれる特徴的なヘニングセンの照明デザインは、このグレアフリーに徹底的に対処する結果として生み出されたものである。一方で、光源を隠すことは光のロスが大きく、省エネルギーの観点からすると非効率だという見解もある。また、青い瞳をもち、強い光を好まない北欧の人間ゆえに生まれたこだわりだと言われることもある。しかしながら、このグレアに対するこだわりが、ヘニン

グセンの照明器具のデザインを決定づけ、数々の名作照明を生み出した原動力になっているのだ。

必要な場所への効率的な配光

また、複数のシェードを組み合わせて配置することによって、必要な場所へ効率的に配光することを実現させた。

自身の論考では、照明器具の配光の違いによる影響を示しながら、必要な場所への適切な配光の重要性が説かれている。具体的には、まぶしさと経済性の二つの側面から3種類の照明器具をイラストで比較しながら、次のように説明されている（図2）。

まず裸電球については、まぶしさを感じさせる上に、すべての方向に光を放つため、不経済だとしている。また、ソケットがある上方には光が届かない。次に、オパールガラスの球状の照明器具に関しては、光源からの光がガラスを透過するためにまぶしさは減少するものの、すべての方向に光を放つため不経済だとする。それらに対して、PHランプの場合では、まぶしさは生じず、光が最も必要な下方を中心に水平に広がるように光を放つため経済的だとしている。

また、図3では、明るい壁面と暗い壁面の部屋において、PHランプ、オパールガラスの球状の照明器具による直接照明、天井を照らす間接照明による光の分布と雰囲気の違いなどが示されているが、作業テーブル面の明るさについてはPHランプが最も明るく、球状の照明器具による直接照明はその半分、天井を照らす間接照明では4分の1と説明されている。

用途や目的に応じて適切な色の光を用いること

「多くの場合、白熱球の冷たい白い光をそのまま使うのは望ましくない」と語るヘニングセンは、電球からの青白い光をそのまま用いるのではなく、用途や目的にあった色の光を用いることの必要性を説いた。なかでも暖かみのある色を、陽気さや祝祭性を演出したいときに重宝し、また夕暮れ時の光と調和する色として重視しており、「家庭での人工照明は、言うなれば黄昏時の光の状態と調和すべきであり、それは黄昏特有の暖かみの

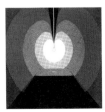

1. グレアフリーを示すPHランプの広告
2. 配光特性の異なる照明器具を示すイラスト

ある色の光を使うことによって実現可能となる。夕刻、部屋にまだ薄明かりが残っているような時間帯に、冷たい色を放つ蛍光灯がリビングルームで煌々と光っていては不自然だ」とも語っている。

　また、可視光線の中で人間の眼に最も強く感じられる黄色や緑色の光源を弱め、感度の低い赤色や青色を補うことで、くつろぎが感じられる黄昏時の光の状態を生み出そうと考えた。その発想は、1958年にデザインされた「PH5」（p.74）で実践されている。さらに、1962年の「PHコントラスト」（p.76）では、ランプの位置を変えることで光の色を変化させるデザインが施されており、活動的な昼間のような照明、暖かみのある照明というように光の色をコントロールすることが可能となっている。

　「人類は太陽とともに生活してきた。昼間は青白い太陽光のもとで狩猟を行い、夕陽を浴びながら家路につき、安らぎの時間を得てきた。だから、私たちの体内はDNAレベルで、光に対して反応できるようにできている。光によって、活動モードとリラックスモードをギアチェンジしているのだ。これは、夜を照らす"照明"でも同様である。昼間の太陽光のような青白い光（昼光色）や白っぽい光（昼白色）の蛍光灯の下では、私たちの

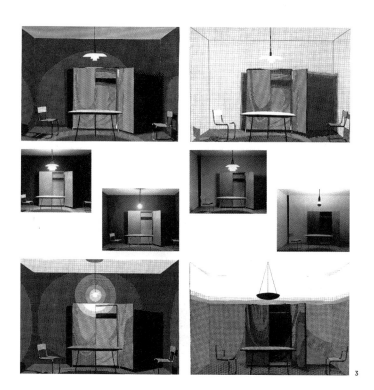

3

Poul Henningsen

体や心は活動モードに切り替わる。一方、夕焼けのように低い位置からオレンジ色に輝く蛍光灯（電球色）や白熱電球の光に照らされると、私たちの脳もリラックスモードに切り替わるのだ」と語るヘニングセン。「昼は夜にはならない」という名言も残している。

柔らかい影の形成

　ヘニングセンは、近代照明の三原則の他にも興味深い論を展開している。「何よりも大きな欠点は、物体が形を失うという美的側面だ」と述べるヘニングセンは、照明器具だけでなく、照明によって照らされるものや色の見え方も重視した。若い頃には、友人であった画家ヴィルヘルム・ルンストロムによる一斤のパン、グラス、缶とオレンジの絵を用いて、異なる照明下におけるものや色の見え方について論考している（図8）。そこでは、照明によって物体をよく見せるためには「シャドウ・フォーメーション（影の形成）」が大切で、それによりものの見え方が左右されること、そして鋭く強い光によらない「柔らかい影」の必要性が指摘されている。また、間接光による影のない照明がものや空間の距離感や立体感を奪い、不安定な印象をもたらすとして、影の必要性を説く（図9）。「水槽の中の魚になったと想像してみよう。距離の判断は不確かになるだろう。…（中略）…なぜな

3. 照明器具の違いによる室内の光の分布等を表すイラスト
4. 視感度曲線（明所視）
5. 昼光のスペクトル曲線
6. 白熱電球のスペクトル曲線
7. コンパクト型蛍光灯のスペクトル曲線
8. ものの見え方の違いを示すモデル絵
9. 影の効果を示すイラスト

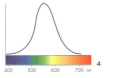

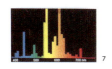

らば影は、鉛筆が紙に触れているか、針が布地を貫通しているかを判断するために必要なものだからである」。

ヘニングセンがデザインしたPHランプは、下方に向けて配光しつつ、水平方向に優しい光を拡散している。その柔らかな拡散光が、オブジェクトに柔らかな影をもたらしているのだ。

視知覚におけるものと背景の関係性

一方、ものの知覚において、ものと背景との間における色や明るさの関係の重要性を指摘している。図10はグレアに影響を与える背景と光源の関係を二つのイラストで示したもので、両者を比較するとグレーの背景のほうが中央の白丸のまぶしさが弱まっていることがわかる。すなわち、グレアあるいは明るさの知覚には対象と背景との相対関係が影響している。また、ものと背景とがグラデーションをもちながら連続するほうが、対比的な状態よりもグレアが少なくなることも愛らしいイラストにより示されている（図11）。

以上のような視知覚理論を示しながら、グレアの発生を抑えることのできる、明暗が緩やかに変化している光環境を推奨した。

室内を段階的に照らす照明器具

照明計画の分野では、部屋全体を一様に照明する「全般照明」と一部を照明する「部分照明」という考え方があるが、ヘニングセンは「全般照明」よりも「部分照明」がもたらす光環境の豊かさとその重要性を説いている。

まず、部屋全体を隅々まで照明する必要はないとして、直接的に光を必要としない箇所については照明を設けることなく、床面や壁面からの反射光により照らすことで十分だとする。その上で、照明された部分と照明されてない部分との関係性が重要であることを指摘している。加えて、部屋の壁面に反射することで柔らかく色づけられた光を最も豊かな光と位置づけてもいる。また、室内で最も明るいものは照明器具であるべきとして、強い光を受けて光源以上に輝くオブジェクトが存在することは好ましくないとも語る。こ

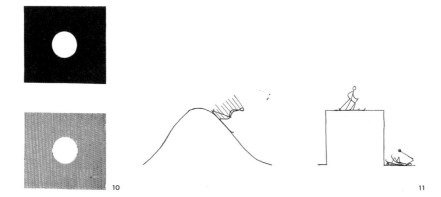

れらの論考から、ヘニングセンが部屋の中で最も明るい照明器具から放たれた光が室内を段階的に照らすような光環境を理想としていることがうかがえる。

痛烈に批判したバウハウス校長室の照明

　ヘニングセンは、美術品のように扱われる照明器具、慣例的に取り付けられる天井付けの照明器具、絹のシェードランプなど旧式の照明器具に取って代わる、近代にふさわしい照明器具の開発に力を注いだ。しかしながら、近代化を推進する一方で、「間違った近代化」に対しては容赦ない批判を行った。

　その対象となったものの一つが、近代運動の中心的存在であったバウハウスのデッサウ校舎の校長室（1925年）に設置された照明器具である。管形の白熱電球を直角に組み合わせた照明は、当時の校長ワルター・グロピウスがデザインしたものだが、室内を一様に明るく照らすものの、ランプ自体がまぶしすぎて見るに耐えないものだった。ヘニングセンが提示した近代照明の三原則に反して、光をただ単に幾何学的要素として扱うこの照明器具を、彼は嘲笑うかのように批判した。なお、この照明器具の原型については、デ・スティルを牽引したヘリット・リートフェルト設計のシュレーダー邸の照明に見ることができる。

10. 背景の違いを示すイラスト
11. グラデーションと対比を示すイラスト
12. バウハウス校舎内ホワイエの照明（マックス・クライェフスキー設計、1925年）
13. シュレーダー邸の照明（ヘリット・リートフェルト設計、1924年）
14. デッサウのバウハウスの校長室の照明（ワルター・グロピウス設計、1925年）

初期の照明デザイン

　全世界に急速に普及することとなった3枚シェードのPHランプは、数多くの試行錯誤と課題解決を経て完成に至った。その誕生までの過程を、ヘニングセンが照明器具のデザインに着手しはじめた頃から辿ってみよう。

グレアを軽減するガラスの使用

　ヘニングセンが照明器具のデザインを開始した1910年代後半は、住宅に電気照明器具が設置されていることはまだ稀で、キャンドルやオイルランプが主流であった。

　彼がデザインした最初の照明器具は、1915～16年に友人の弁護士ファルク・イェンセンの住宅をリノベーションした際に設置したカットガラスのシャンデリアと言われる。図面や詳しい情報は残っていないが、ルビーレッド色をはじめとするプリズムガラスを使用した帝政様式のシャンデリアだったそうだ。なお、当時21歳だったヘニングセンとともにこの仕事をした建築家は、光源が電球だったかキャンドルだったかは思い出せないと発言しており、光源については定かではない。

　ヘニングセンは、その後1919～20年の間に、照明器具の一連のシリーズとしてペンダントランプ、テーブルランプ、ウォールランプなどのデザインを行った。装飾性と幾何学性が強調されたデザインだが、その一つはコペンハーゲンのブレス通りにあるガスマン邸に設置されている。銀で骨組みがつくられたトランペット型のガラスシェードの中に電球が仕込まれ、そこから半透明のガラスを透過して柔らかく拡散した光が、周囲に吊ら

れたプリズムガラスの小片を照らす。シェードの上面には六つのキャンドルホルダーが付いており、キャンドルを灯すこともできる。さらに、上方にはプリズムガラスが吊られたリングが三段設けられ、キャンドルの灯りや電球から上方に放たれる光により輝きを放つ。プリズムガラスにより生じる光の反射や屈折は、光と影の感覚を和らげ、まぶしさを軽減する効果がある。また、ガスマン邸のダイニングルームには、トランペットシェード部が半分に割られた形状のウォールランプも設置されている。

1. ストックホルム通りの住宅のダイニングルームのペンダントランプとウォールランプ（1920年頃）
2. 同　図面
3. ガスマン邸のペンダントランプ（1919年）　図面
4. レストラン・ローリーのペンダントランプ（1920年）図面

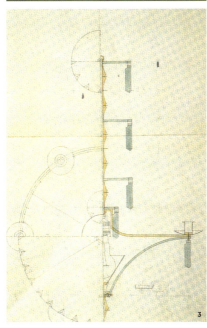

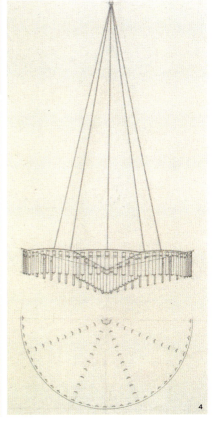

この時期のプリズムガラスを用いた照明器具の中で最も完成度の高いものとして挙げられるのが、1920年にレストラン・ローリーのためにデザインされた照明である。八つのカーボンフィラメントの電球から放たれる光は、周囲を取り囲むプリズムガラスにより暖かみのある色に変換され、まぶしさを生じることなく華やかな祝祭的な雰囲気をつくり出すことに成功している。

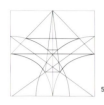

5. カールズバーグ社青の間のガラスシェードのペンダントランプ（1919-20年）シェードの模式図［01］
6. 同 写真
7. コペンハーゲンエナジー社のペンダントランプ（1919-20年）　図面
8. 同 写真

一方、この時期にはガラスシェードを組み合わせることで幾何学性が強調されたタイプの照明器具も見られる。カールズバーグ社の青の間では、幾何学的なパターンが施されたトランペット型のガラスシェードが 2 段に重ねられたランプがデザインされた。下段のシェードのみに電球が設置され、上段のシェードは反射光で輝くとともに光を水平方向に拡散させる役割を果たす。このトランペット型のガラスシェードは、テーブルランプやウォールランプにも用いられた。

　その他のタイプとしては、コペンハーゲンエナジー社の重役室のためにデザインされた照明が挙げられる。天井の星型の装飾の下に 8 分割されたガラスで構成される円盤状の照明が吊り下げられたペンダントタイプの器具である。

　この時期の照明器具においては、全体的なデザインテーマとして装飾性と幾何学性が基底にあるが、その上でプリズムガラスやガラスシェードによるグレアの軽減、後に 4 枚

シェードのPHランプ(p.64)やPH5(p.74)などに発展していくこととなるトランペット型シェードの使用、ガラスによる色の変換、シェードの反射を利用した配光のコントロールといった試みが既に見られる点が興味深い。

金属製の球形ランプ

この後、ヘニングセンの興味は金属製のシェードに向かい、1924〜25年に再びガラスを扱うようになるまでの期間はその研究と実践に没頭することとなる。

金属シェードを扱い始めた初期においては、二つの球形ランプをデザインしている。一つは1921年の春、クラーヴェルン邸のダイニングルームのためにデザインした照明で、C形断面の直径の異なるリングを層状に組み合わせて構成された球形のランプである。もう一つは、1921年の秋にデザインされたもので、ポール・ヘニングセンと陶芸家アクセル・サルトの展示パヴィリオンにおいて家具とともに展示された。こちらはフラットな断面形のリングで構成されており、材料にはドイツ製の銀が使用されている。

これら二つの球形ランプは、プリズムガラスを使用したランプと同様の反射・屈折・回折の光の効果を器具全体で狙ったものだったが、その効果は実現されたものの、光は水平方向にしか広がらず、上部と下部では暗くなってしまい配光の面では満足な成果は得られていない。しかしながら、ここで用いた球形という造形モチーフはヘニングセンの中で醸成され、1925年のパリ万国博覧会での照明や1958年の「PHルーブル」(p.82)で再び現れることになる。

スロッツホルムランプ：金属製の放物線形シェードの出現

先述した1921年秋のデザイン展の1年程前、ヘニングセンの照明デザインを推し進める上で重要なもう一つのプロジェクトがあった。それはインテリアの照明器具ではなく、1920年10月に行われたコペンハーゲンエナジー社による「スロッツホルムランプ」と呼ばれる街路照明のコンペティションで、光源からの光を金属シェードに反射させることで必要な場所へ配光する方法の検討に着手するきっかけとなったプロジェクトだ。

9. クラーヴェルン邸のダイニングルームの球形ランプ (1921年)
10. ポール・ヘニングセンとアクセル・サルトの展示パヴィリオンの球形ランプ (1921年)
11. ポール・ヘニングセンとアクセル・サルトの展示パヴィリオン 内観写真

この街路照明のデザインでヘニングセンは二つのテーマを掲げた。一つはポール部分を中心に幾何学性や比例関係を大切にすること、もう一つは照明の光学的観点からシェードをデザインすることであった。そこで、シェードの形態に放物線を用いる試みに着手する。放物線はどんな角度で射し込む光であっても平行に反射させる幾何学的特性を有しており、ヘニングセンはこの特性を利用して光源からの光をできるだけ遠くへ導くデザインを検討した。

　具体的には、電球からの光を下方にも導くために電球内部に小さな金属片を設け、さらに下方に向けられた2枚の小さなシェード、また直接フィラメントが見えることを防ぐために上部に目隠しとなる1枚を加え、小計4枚の小さなシェードが考案され、結果的に下部と上部の反射板を合わせて総計6枚のシェードを用いるデザインとなった。加えて、雨の浸入を防ぐために電球周りはガラスで密閉され、上部には反射板となるフラットシェードがかぶさる。

　実際には電球内部の小片が機能しなかったようだが、コペンハーゲンエナジー社はその改良よりも下方により多くの光を導くことを優先し、下部の4枚のシェードを取り除いたものを製作した。この街路灯は、1921年秋にコペンハーゲンのスロッツホルム地区に設置され、1970年の中頃まで使用されていた。

11

なお、1963 年にデザイナーのイェンス・ミュラー・イェンセンによってデザインされ、現在もルイスポールセン社より販売されている街路灯「アルバスルン　ミニ　ポストランプ」をスロッツホルムランプと比較すると、電球内の小片とその下の 2 枚の小さなシェードが取り除かれている点を除き、当初のヘニングセンの原理が踏襲されていることがわかる。今から 100 年近く前に、今日でも通じる普遍的な型をすでに導き出していたことに驚かされる。

トーヴァルセン彫刻美術館の改修計画：楕円曲線形シェードの導入

　ヘニングセンの照明デザインをさらに次の段階へと発展させることになったのは、デンマークの彫刻家ベルテル・トーヴァルセンの作品を展示するために 1848 年に建設されたトーヴァルセン彫刻美術館の改修計画である。1923 年、改修工事の建築設計を担当していたコーア・クリント (p.154) からの依頼により、照明計画に携わることとなった。当時ヘニングセンのアシスタントを務めていたハーコン・ステフェンセンによる断面図のドローイングが残されているが、展示空間のヴォールト天井の中央に吊られた 5 枚の金属シェードによる照明器具から光が左右へと広がる様子が描かれており、必要なところへ

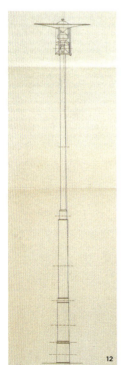

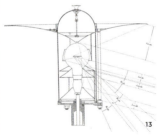

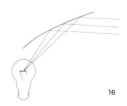

適切に配光することに注力していたことが読みとれる。ステフェンセンは、1975年のインタビューにおいて、「ドローイングでは入射光と反射光の光線を何百本も描いた。それは私を本当にうんざりさせた」とその苦労を振り返っている。電球のフィラメントのサイズが固定されず光線があらゆる方向に動くことがその理由だったが、下のシェードに光を当てることなく両側の展示壁にうまく配光されるシェードの形状が決定されるまで幾度となく光線を描く作業が続けられたそうだ。

　このプロジェクトで注目すべき点は、ランプシェードの曲率にスロッツホルムランプで用いていた放物線ではなく、楕円曲線を使用したことである。楕円曲線のシェードでは、

12. スロッツホルムランプ（1921年）　立面・断面図
13. 同　シェード部断面図
14. 同　設置当時の写真
15. アルバスルン ミニ ポストランプ
　　（イェンス・ミュラー・イェンセン、1963年）
16. 放物線と反射光の模式図 [01]
17. トーヴァルセン彫刻美術館　現在の大展示室
18. 楕円曲線と反射光の模式図 [01]
19. トーヴァルセン彫刻美術館改修工事における
　　照明計画のドローイング（1924年）

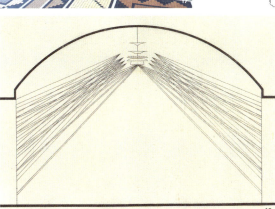

様々な角度でシェードに当たり反射した光はシェードの外側で一つの焦点を形成する。その幾何学的特性は、スロッツホルムランプで採用した放物線よりも配光上有効と考えられた。

しかしながら、多くの時間と労力が割かれた仕事であったにもかかわらず、コーア・クリントが解雇されたことでこのプロジェクトは中止になり、この照明器具は実現には至らなかった。

鏡面仕上げの複数シェードのランプ

ヘニングセンが次にデザインしたランプは、1925年に開催されたパリ万国博覧会に先がけてデンマークで行われた照明デザインコンペで入選を獲得した、鏡面仕上げの複数のシェードで構成される「タイプⅡ A」「タイプⅡ B」として知られるペンダントランプである。

この二つのランプは、先述のトーヴァルセン彫刻美術館のプロジェクト時に温められていたアイデアではないかと言われており、そこで使われはじめた楕円曲線を用いたシェードで構成されている。その後、1924年の春には、「モデルⅠ」「モデルⅡ」「モデルⅢ」と呼ばれる三つのテーブルランプと電球の位置が調整できるペンダントランプがデザインされた。これらについては、楕円曲線シェード、楕円曲線と放物線を組み合わせたシェード、さらには自由曲線によるシェードが使用されているものもある。

これらの鏡面仕上げのシェードを用いたペンダントランプでは、シェードの曲率によって配光がコントロールできた一方で、鏡面に反射する光が過剰なまぶしさを生じる結果となった。シェードに電球の像が写り込んでいることが、その証しである。

この時期の作品においては、反射光が精密に描かれたドローイングが数多く残っている。それらのドローイングには、最終の形態が決定されるまでに幾度も繰り返される試行錯誤の連続の痕跡を見ることができる。先のアシスタントの発言にも見られるように、そこには想像を絶する労力がかけられているのだ。

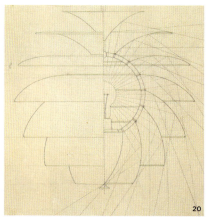

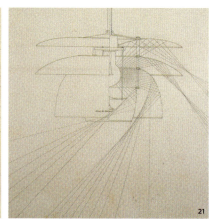

20. タイプ II B（1924年） 立面・断面図
21. タイプ II A（1924年） 立面・断面図
22. モデル I（1924年） 立面・断面図
23. 同　写真
24. モデル III（1924年） 立面・断面図
25. 同　写真

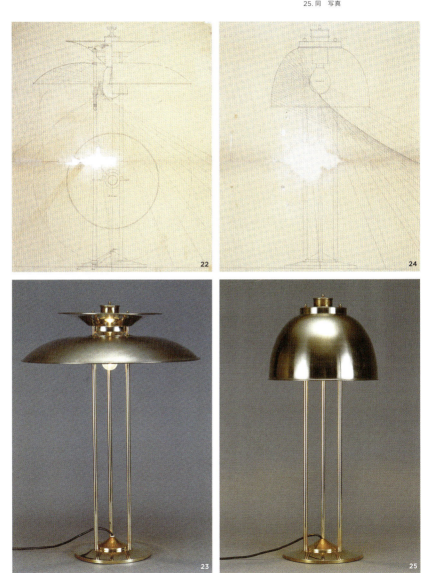

Poul Henningsen

パリランプ

　1924年末、ヘニングセンは、1925年4月から開催されるパリ万国博覧会に出品するためのランプのデザインに着手する。これまで積み重ねてきた金属シェードにおける試行錯誤を通して放物線や楕円曲線などの曲率を用いて配光する術を会得していたヘニングセンが、この時点で行き着いていた最新形がペンダントランプ「タイプⅡA」「タイプⅡB」（p.32）であった。しかしながら、完全な配光と完全なグレアフリーの実現のためには、まだ改良の余地があった。

　それまで配光の検討を断面図という二次元上で行っていたヘニングセンは、この時期に立体角の考え方を導入し三次元へと拡張する試みを開始している。その改良を加えた

1-2. パリランプ（1925年）
3-4. パリ万国博覧会デンマーク館内展示ブース
5. 同展示ブースに出品されたテーブルランプ「モデルⅠ」
6. 同展示ブースに出品されたペンダントランプ「モデルⅠ」
7. 同展示ブースに出品されたテーブルランプ「モデルⅡ」
8. 同展示ブースに出品されたパリランプ
9-12. 街路灯　ドローイング

新たな方法に基づき、必要となるシェードの数が検討された。紆余曲折の末、最終的に6枚のシェードで構成されるランプが完成した。そして、直径40cm、60cm、70cmの三つのサイズのランプが製作された。

　ヘニングセンとともにこのプロジェクトに携わったアシスタントのクヌート・ソーレンセンは「本当に理論的にデザインされたランプだと思う。我々は、個々のシェードがそれぞれどの程度反射光を生み出すかを計算しつくした。これほど純粋なデザインはないだろう」と完成の感激を表現したそうだ。

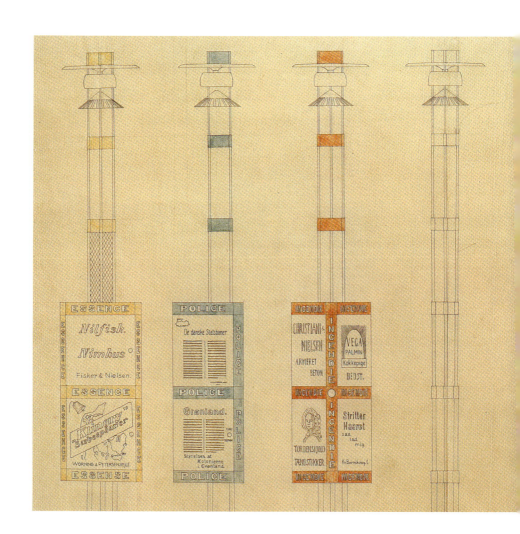

こうして完成したランプは、建築家カイ・フィッシャー設計のデンマーク館展示ブースに設置され、「パリランプ」と呼ばれるようになった。また、同館内には 12 枚のシェードで直径 1m の球形に形づくられたランプも吊るされている。このランプは、1919 〜 20 年にデザインされた二つの球形ランプ (p.28) の発展形として位置づけられ、その後「PH スノーボール」(p.82) で完成に至ることとなる。さらには、放物線形のシェードが用いられていたスロッツホルムランプ (p.28) を楕円曲線形のシェードに改良した街路灯も出展された。

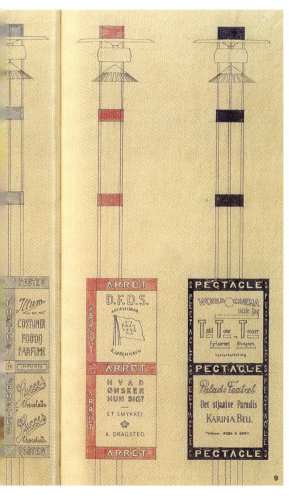

ヘニングセンが出品したこれらの照明器具は、パリ万国博覧会で高い評価を得て、数々の賞を受賞している。しかしながら、ヘニングセン自身はそれに満足していたわけではなかった。この時点ではまだ自分の目指す理想の照明を実現しておらず、シェードの枚数が多すぎて光のロスが大きいこと、そして鏡面仕上げのシェードによるまぶしさの問題が未解決のままだった。

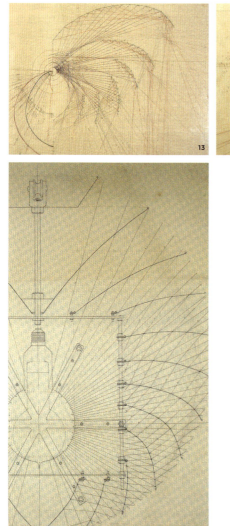

13. パリランプを検討するドローイング
14. 立体角を用いてパリランプを検討するドローイング
15. パリ万国博覧会デンマーク館の12枚シェードの球形ランプ断面図
16. 同　写真

フォーラムランプ

　パリ万国博覧会からの帰国後、ヘニングセンはパリランプに残されたグレアの問題の解決に力を注ぐことになるが、そこに二つの仕事が舞い込む。一つは1925年11月に依頼されたレストラン・シュカーニ＆ア・ポータの照明計画である。ここでは、パリランプをベースに金属シェードをマット仕上げにし、葉の模様の装飾を施すことで、グレアが軽減されている。同時に、二つのウォールランプをデザインしたが、こちらではガラスシェードが使用されており、このデザインは次に紹介するもう一つの仕事での初期案へと引きつがれていく。

　1925年の9月、コペンハーゲン市内ローセンウォン大通りに5800m^{2}という大空間の仮設展示ホール「フォーラム」の建設が決定され、ヘニングセンとルイスポールセン社がその照明計画を受注することとなった。その最初の案が、先述のレストランのウォールランプを発展させたもので、4枚のガラスシェードで構成されている（図3）。光源から発した光がガラスを透過し、ガラスシェードによって方向づけられることでグレアが抑えられていたものの、最終的には費用の問題で不採用となった。なお、その初期案のランプが大空間に48器吊られたドローイングが残されている。

続いて、マット仕上げの金属シェードによるランプが検討されたが、仕上げによってグレアは解消される一方で、シェードに当たる光が全方向に拡散反射してしまい、配光のコントロールが困難になるという問題が発生する。そこでシェードの形状を再考することになり、新しい曲率として対数螺旋を採用することとなった。

　ヘニングセン自身は、パリランプの検討時に対数螺旋に可能性を感じつつあったそうだ。対数螺旋は、鏡面反射で考えた場合、光源からの光がシェードのすべての部分に同じ角度で当たり、また同じ角度で反射する幾何学特性を有する。一方、マット仕上げは、正面からの光に対しては全方向に拡散するためそのコントロールが難しくなるが、斜め方向の光に対してはその入射角と同じ角度の反射光を主成分としながら拡散するためコントロールがしやすくなる。両者の特性を組み合わせることで、配光をコントロールできると

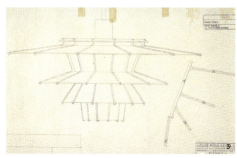

1. レストラン・シュカーニ＆ア・ポータ（1925-26年）
2. レストラン・シュカーニ＆ア・ポータのペンダントランプ
3. フォーラムランプ　ガラスシェードによる初期案
4. フォーラムランプの初期案が吊られた内部のドローイング

いう理屈である。こうして配光のコントロールとグレアの解消が同時に実現され、ヘニングセンの照明器具の原点とも言われる「3枚シェードのPHランプ」の原型がここに誕生することとなった。

　なお、この3枚シェードのランプのアイデアが生まれた時期については特定されていないが、1925年冬に描かれたドローイングに最初の案と思われるスケッチが描かれている（図9）。そこには複数の案が描き込まれているが、二つの姿図と何度も描きなおした痕跡が残るシェードの断面形を確認することができる。また、測定値に基づいて四つの配光カーブが描かれ、配光特性を検討している1926年1月付の図面も残っている（図8）。

5. フォーラムランプ (1926年)
6. 対数螺旋曲線と反射光の模式図 [01]
7. 入射角度による拡散性状の違いを示す模式図 [01]
8. フォーラムランプの配光図 (1926年1月付)
9. 1925年冬に描かれた3枚シェードのランプのドローイング
10. 国際車展が開催されるフォーラムの様子 (1926年2月)

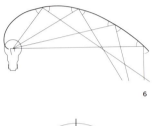

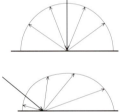

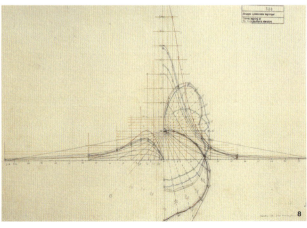

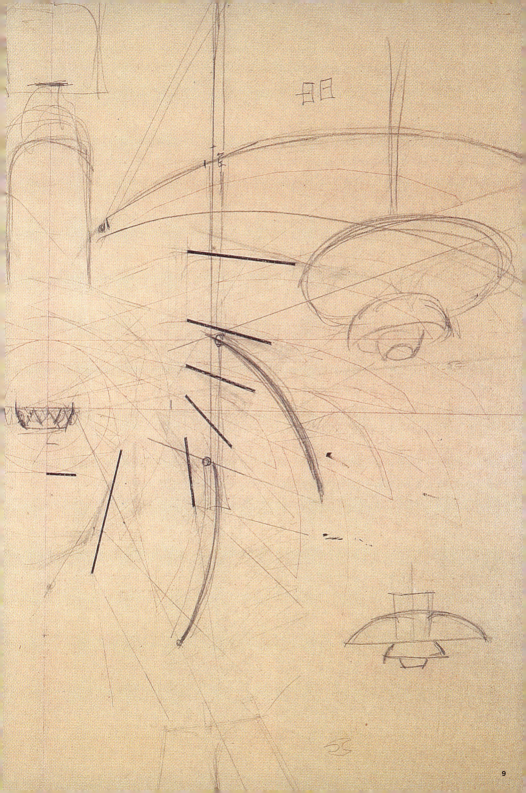

Poul Henningsen

3枚シェードのPHランプの特質

　先述のフォーラムランプ (p.40) において採用された対数螺旋は、以後の大半の照明器具で使用されることになる重要なデザイン要素となった。ここでは、対数螺旋を中心に3枚シェードのPHランプの特質をさらに詳しくみていきたい。

対数螺旋形シェードによる配光のコントロール
　対数螺旋とは、牛や羊の角、巻貝、象の牙などに見られる螺旋形状であり、自然界にも見られる美しい形態秩序の一つである。また、古代ギリシアのイオニア式の柱頭の渦巻飾り、ジュゼッペ・モモ設計のバチカン美術館の二重螺旋階段など、古くから人工物にもしばしば用いられてきた歴史がある。PHランプにおいても、この対数螺旋がシェード自体に美しい幾何学的形態をもたらしていると言えよう。

　一方、先にも述べたが、対数螺旋の曲率を用いたシェードには光源からの光を入射角と同じ角度で反射する特性があり、配光をコントロールしやすくなる利点がある。加えて、ヘニングセンは度重なる実験を経て、シェードへの光の入射角を37度に設定している。この37度という角度は、透光素材であるオパールガラスを用いたときには別の合理的な意味をもつ。

1. 巻貝に見られる対数螺旋
2. 対数螺旋 [0]
3. バチカン美術館の二重螺旋階段
4. オパールガラス製の3枚シェードのPHランプと対数螺旋の構成
5. 3枚シェードのPHランプ　金属製のペンダントランプとオパールガラス製のテーブルランプ

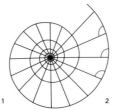

ガラスなどの透光材は、その面に入射する光の角度が直角に近いほど透過する光の量が多くなり、反射する光の量は減る。対して、光の入射角度が小さくなればなるほど反射する光の量が増え、透過する光の量は減る。すなわち、オパールガラスのシェードに当たる光の入射角度をどの部分でも37度にすることで、その面を透過する光と反射する光のバランスを同じにコントロールしているのだ。

　そして、先に示したように鏡面反射によるグレアをなくすために施されたマット加工面に対しても37度という入射角が配光のコントロールに有効であった。このようにPHランプにとって、対数螺旋の使用は、美しい幾何学的形態であるだけでなく、光学的に大きな役割を果たしているのである。

器具そのものを照らし出すシェードの構成

　さらにもう一つ、ヘニングセンの照明器具の多くで見られる特質を加えておきたい。それは、自らの光で器具そのものを美しく照らし出していることである。3枚シェードのPHランプを例にすると、シェードの内側で拡散した光は主成分方向については器具の外へと直接広がっていくが、それ以外の拡散光は下のシェードの外面（上面）を照らすことになる。強い光でなく拡散光が照らすシェードの外面は、マット仕上げにする必要はなく、光沢面にされているものもあり、ヘニングセンの理論にも示されている柔らかい拡散光がシェードを美しく見せることにつながっている。拡散光により照らし出されるシェードの重なりとそのグラデーションによって、器具そのものが輝くのである。

6. 対数螺旋と光の入射角・反射角 [10]
7. 光の入射角の違いによる透過光と反射光の割合 [10]
8. 金属製とオパールガラス製の3枚シェードのPHランプにおける光の反射・透過性状の違い [01]

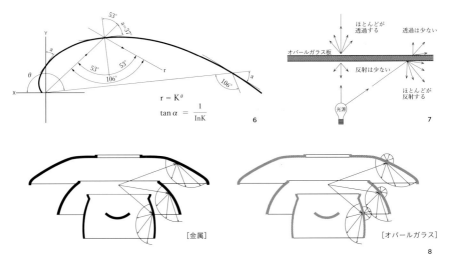

その最たるものが、72枚の羽根で覆われた松笠のような形をしたPHアーティチョーク (p.78) であろう。一枚一枚の羽根は、内面で光を外に放ちながら外面を美しく照らし出しており、そのユニークな形状が強調されている。また、PH5 (p.74) や4枚シェードのPHランプ (p.64) のように上部にトランペット型のシェードをもつランプでは、そのシェードが自らの反射光で輝くとともに、下のアッパーシェードを照らす働きを併せもっており、暗がりの中で自らの全体像を美しく浮かび上がらせている。

3枚シェードのPHランプのナンバリングシステム

PHシリーズには、1/1、3/2、$3\frac{1}{2}/2\frac{1}{2}$、$3\frac{1}{2}/3$といった暗号のような名前がつけられている。これらの数字はデザインされた順番を表しているのでなく、ヘニングセンが導き出したシェードの「構成原理」を照明の名称としてナンバリングしたものである。具体的には、スラッシュの前の数字がアッパーシェードの直径、後ろの数字が構成原理に従ったミドルシェードとボトムシェードの組み合わせを表している (図11)。

その構成原理とは光を効率よく拡散・反射するためのシェードサイズの組み合わせのことであり、光源から発する光のうち約50%がアッパーシェード、25%がミドルシェード、18%がボトムシェードの内側に当たって拡散し、残りの7%はボトムホールを通過するように設計がなされている。ヘニングセンが導き出したこのルールを守れば、必然的に各シェードの直径が決定するという仕組みである。

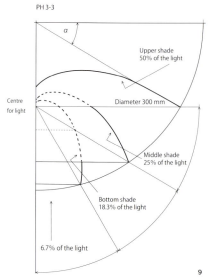

9. 3枚シェードのPHランプにおける光の配分 [O2 (566号)]
10. 最小 (直径16cm) と最大 (直径84cm) のPHランプ
11. オパールガラスの色のヴァリエーション
12. 1936年時のPHランプのヴァリエーションとナンバリングシステム

このような原理を設け、設計をシステマティックにすることで、サイズや素材が変わる場合にも対応が可能になる。PHシリーズが様々な場所や用途で応用されているのは、こうした構成原理の上に成り立っているからであり、例えばシェードの直径であれば16cmから84cmまでとその対応範囲が幅広い点も大きな特徴だ。

　一方、アッパーシェードからボトムシェードに向かって光の配分量が減っていくのに対して、照明器具の見え方としては逆にボトムシェードが一番明るく、上に向かうにつれて段階的に明るさが減じて見える。これは光の量によるものではなく、ボトムシェードの方が光源からの距離が近く、光が放出される領域が狭いために生じている効果であり、この明るさのグラデーションの美しさもPHランプの大きな魅力となっている。

11

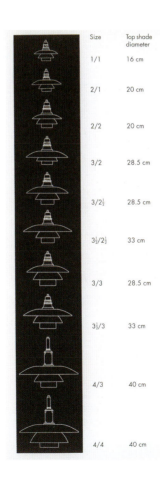

12

世界中に普及した3枚シェードのPHランプ

　ヘニングセンは、複数のシェードで構成される独特な形状をもつ照明器具を数多くデザインしたが、それらは彼の名前のイニシャルをとって「PHランプ」と総称されている。なかでも、1926年に誕生した3枚シェードのPHランプは、その後のPHランプの展開への原点となる特別な作品である。

　「まぶしさがないこと」「必要な場所に効率的に光を導くこと」「適切な光の色を用いること」というヘニングセンが照明器具に求める理想を3枚のシェードで実現させたこの照明器具は、世に発表されるとその評価はすぐに高まり、デンマーク本国のみならず世界中に急速に普及した。

多彩なヴァリエーションと用途の拡大
　3枚シェードのPHランプは、展示会場「フォーラム」のプロジェクト (p.40) において直径85cmと60cmの金属シェードのペンダントランプとして誕生した。その後は、フロアランプ、デスクランプ、ウォールランプなどへと展開されるとともに、材質、シェードの

1-16. 3枚シェードのPHランプ　1920-30年代に製作された様々なヴァリエーション
17. スケッチに描かれたアールデコ様式のPHランプ

大きさや色、複数ランプの組み合わせなど様々なヴァリエーションが生み出され、世界中に広まっていった。なお、シャンデリアやデコラティブな扱いのものについては、ヘニングセン自身はあまり興味を示さなかったと言われている。

そして、当初は住宅や公共施設、オフィスなどへの導入が多かったが、やがてその用途は拡大していくこととなる。高照度が求められる病院の手術室や歯科医院、スポーツ施設などの大空間、温室や工場などの機能的な場所と、各用途に応じて多種多様なタイプの照明が製作された。これは、デザイン性が好まれたというよりも、必要なところに必要な明るさで良質な光を提供する照明器具としての高い性能が認められていたことの証しとも言えるだろう。

18. 手術室に使用される PH オペレーションランプ
19. 歯科医院に使用される PH デンタルランプ
20. 工場に使用される PH ランプ
21. 温室に使用される PH ランプ
22. ボクシングリングを照らす PH ランプ
23-24. PH テニスランプ

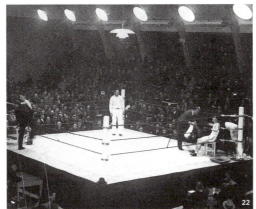

建築家・デザイナーも愛用

　同時代の建築家たちの作品においても、ミース・ファン・デル・ローエのトゥーゲントハット邸（1930年、ブルノ、チェコ）、アルネ・ヤコブセンのH.I.K.のテニスホール（1936年、ヘレルプ、デンマーク）をはじめとして、PHランプが使用されている事例が認められる。エリック・ブリュックマンのホテル・セウラフオネのレストラン（1928年、フィンランド）でもPHランプが使用されているが、テーブル上に下ろされたPHランプが描かれたドローイングも残されている。またブリュックマン設計のパルガスの葬儀礼拝堂（1930年、フィンランド）では、ガラス製の7枚シェードのPHランプが三つ使用されている。また、次章で紹介するフィンランドの巨匠アルヴァ・アアルトも、数多くの照明器具を自身でデザインしているが、初期の数作品ではPHランプを使用していた（p.96）。

25

26

27

28

さらには、建築家やデザイナーの自邸でも PH ランプが愛用されている姿を目にすることができる。ボーエ・モーエンセン自邸（1958 年、ゲントフテ、デンマーク）では PH5、PH プレート、PH コントラスト、フィン・ユール自邸（1942、1968 年、クランペンボー、デンマーク、p.196）では PH コントラスト、エリック・ブリュッグマンが設計したアパートの自室（1952 年、トゥルク、フィンランド）では 3 枚シェードの PH ランプが確認できる。アアルトも、トゥルクに事務所を構えていた頃に住んでいた農業組合本部ビルの一室（1927 年、フィンランド、p.97）や、ヘルシンキのアアルトハウス（1936 年、フィンランド、p.97）において、3 枚シェードの PH ランプを使用していた。

25. トゥーゲントハット邸（ミース・ファン・デル・ローエ設計、1930 年）
26. H.I.K. のテニスホール
　　（アルネ・ヤコブセン設計、1936 年、ヘレルプ、デンマーク）
27. ホテル・セウラフオネのレストラン
　　（エリック・ブリュックマン設計、1928 年）
28. 同　ドローイングに描かれた PH ランプ
29. バルガスの葬儀礼拝堂（1930 年、バルガス、フィンランド）
30. エリック・ブリュッグマン自邸（1952 年、トゥルク、フィンランド）
31-32. ボーエ・モーエンセン自邸（1958 年、ゲントフテ、デンマーク）

ルイスポールセン社との関わり

　ポール・ヘニングセンと協働し、数多くの照明器具を製作・販売してきたルイスポールセン社。その創業は 1874 年に遡り、創業者のルートヴィッヒ・レイモンド・ポールセンは当初ワインの輸入業を行っていた。その後、1878 年に一旦閉鎖されていた会社を再建し、金物を取り扱う会社にしたのが、ルートヴィッヒの甥でコルク職人だったルイス・ポールセンである。1892 年頃からはアーク灯ランプなども扱うようになり、1908 年には金物部門とコルク部門を統合、さらにニューハウンの砂糖精製所の所有権を取得し、ルイスポールセン社を設立した。

　1917 年、新しいものに情熱的に興味を示すビジネスマンであったソフス・カストラップ・オールセンが会社を買収、単独オーナーになることでルイスポールセン社は大きな転機を迎える。オールセンは、ヘニングセンに勝るとも劣らぬほど左翼的で、熱心な急進論者であり、二人はすぐに意気投合したそうだ。そして、この二人の出会いがルイスポールセン社に発展をもたらすこととなった。

1. ニューハウンにあったルイスポールセン社の最初の本社エントランスのサイン
2. 同　運河から見た外観
3. 本社内のデモンストレーションルームとヘニングセン

ヘニングセンとの出会いを経て、1926年にPHランプが発売されて以降、ルイスポールセン社では照明器具の開発や販売が中心的な事業になっていく。PHランプの販売が開始された当初30名だった従業員数は、2019年現在で約500名にまで増加しており、大きく成長を遂げている。

　1939年には、ニューハウンの本社内にデモンストレーションルームが開設された。このデモンストレーションルームについて、「製品の宣伝ではなく、利用者が自分の目で見て確認した上で製品の良し悪しを判断できるように照明に関する各方面の課題を紹介することが目的である」と語ったヘニングセン。当時の写真によると、製品が展示されているだけでなく、壁面に各照明器具の配光特性曲線が掲示されていたり、縮小模型が設置されていたりと、普及活動にも積極的に尽力していたことがうかがえる。

オーフス駅の3枚シェードのPHランプ

　ヘニングセンは生涯で100種類以上にも及ぶ照明器具をルイスポールセン社との協働でデザインしているが、以降では、それらの中から代表的なもの、ヘニングセンらしさが現れているもの、照明デザインを考える上で興味深いもの、現地でオリジナルが見られるものなどを紹介する。

　PHランプは公共空間にも数多く設置されたが、現在でもその姿が見られる事例として、デンマーク第二の都市オーフスの駅舎が挙げられる。1929年の夏、この駅の到着ホールに18本のアームに配された3枚シェードのPHランプが設置された。また、同駅のコンコースにはペンダントランプとウォールランプの2タイプの3枚シェードのPHランプが数多く使用されており(1936年設置)、行き交う人々に賑わいを与えている。

　その一方で、首都コペンハーゲンの中央駅にはPHランプは使用されていない。当時のデイリー新聞社が風変わりのモダンなランプに対して批判的な記事を掲載していたことがその理由だと言われている。

1. 到着ホールのPHランプ
2. コンコース
3. コンコースのPHランプ
4. 到着ホール

デーンズ・ランドリーの PH グローブと PH 蛍光灯

　ヘニングセンは、1936 年に「デーンズ・ランドリー」と呼ばれる蒸気式洗濯工場を設計している。この工場では、将来的な改築と増築に対応するために当時としてはめずらしかったパネル構造が採用されており、その他にもいろいろと新たな建築的試みが施されている。

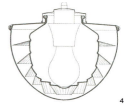

1. PH メタルグローブ（1950 年代）
2. PH ハーフグローブ（1934 年）
3. PH グローブ（1936 年）
4. 同　断面図
5. PH グローブとヘニングセン
6. カールズバーグ財団クラブサロン（ハンス・ハンセン設計）の PH グローブ
7. 客船の一等クラスのバーに設置されたマリタイム PH グローブ
8. ラジオハウスの PH グローブ

PH グローブ

　工場内にはヘニングセンがデザインした「PH グローブ」という照明器具が設置された。6 枚のセロファン製シェードで構成されるランプが、埃や湿気を防ぐ半球形のガラスで覆われており、洗濯工場という用途を意識したデザインがなされている。

　この PH グローブは、1943 年にルイスポールセン社で製品化され、その見た目から「ボトルの中の船」と形容された。「メタルグローブ」「ハーフグローブ」というヴァリエーションも生まれ、製品化もされている。埃が入らず清潔で掃除しやすく、セロファンを透過した光には温もりが感じられる。なお、ガラスで照明器具を包み込む手法は、1920 年代において手術室用の照明器具 (p.52) でも用いられている。

このタイプのランプは、公共施設や客船内のバーなどで使用され、ヴィルヘルム・ラウリッツェンが1945年に設計したラジオハウス (p.166) にも設置されている。

PH 蛍光灯

その後1940年代に入り、工場には蛍光灯の照明器具が取り付けられた。「デンマークで最も蛍光灯を憎む男」とも言われたヘニングセンだが、色彩やものの見え方の再現性が乏しい、影のコントロールができない、辺り一面をまぶしく照らし必要以上の光を撒き散らすといった点で、蛍光灯に対しては猛烈に批判的だった。しかしながら、戦時下で物資やエネルギーが不足する状況の中、蛍光灯のランプのデザインを余儀なくされたのである。そこで、グレアを抑えるために内側をマット仕上げにしたシェードで蛍光灯を包み込み、3枚シェードのPHランプを引き伸ばしたような長さ130cmの器具がデザインされた。蛍光灯1本用（幅33cm）と蛍光灯2本用（幅40cm）の2タイプが製品化され、1941〜42年にルイスポールセン社から販売されたが、それほど普及はしなかったようだ。

なお、このPH蛍光灯は工場内では高窓のすぐ下に設置された。1949年に発刊された『NYT』(p.11) のにおいて、工場などの作業空間における人工照明に関するヘニングセンの論考が掲載されているが、その中で器具を窓に近い位置に設け、自然光と同じように照明することの重要性が説かれており、ここではその考えが実践されている。

9. PH グローブが設置された建設当時の工場内の様子
10. 高窓下に PH 蛍光灯が設置された1940年代の工場内の様子
11. PH 蛍光灯 (1941年)

PH セプティマと 4 枚シェードの PH ランプ

PH セプティマ

　1929 年の夏、配光とグレアの問題を着色ガラス製の 7 枚のシェードによって解決した「PH セプティマ」と呼ばれる照明器具がデザインされた。クリアとマットの仕上げが縞状に施されたガラスシェードが層状に重ねられることで生み出される、ぼんやりとした不思議な光の効果が特徴的だ。ここで発案されたアッパーシェードについては、後の 4 枚シェードの PH ランプ、PH5 へと引き継がれていくことになる。

　なお、実現はされなかったが、金属板を使用したセプティマのデザイン案のドローイングが残っている（図 5）。そこでは連続面のシェードではなく全体が小さな断片で構成されており、1958 年に誕生する PH アーティチョーク (p.78) の原案と言われる。PH アーティチョークのような断片が交互に重なりながら全体を構成するイメージがこの PH セプティマの根底にあったことがうかがえるが、最終的にはシェードにクリアとマットの仕上げを交互に施すことで断片の表現に置き換えられたと考えることができるだろう。

4 枚シェードの PH ランプ

　PH セプティマの開発途中に検討されていたのが、4 枚シェードの PH ランプである。大きなタイプの 3 枚シェードの PH ランプにおいてアッパーシェードのまぶしさが問題になっており、その改善案として上部に 4 番目のシェードを加えたことがその誕生のきっかけだ。また、この 4 枚シェードの PH ランプは、部屋の高い位置に設置することを想定してデザインされた。完成したランプは、1931 年にフォーラム (p.40) で開催された「モダン住宅展」で初めて紹介された。

　後の PH5 などにも受け継がれていくこの 4 番目のトップシェードの最大の目的は、光源からの光をより遠くへ拡散させることであり、その形状には対数螺旋を基本としていくつかのヴァリエーションが見られる。

1. 琥珀色シェードの PH セプティマ (1929 年)
2. 同　立面・断面図
3. 4 枚シェードの PH ランプ　立面・断面図
4. クリアシェードの PH セプティマ (1931 年)
5. 金属製の PH セプティマのデザイン案 (1931 年)
6. 4 枚シェードの PH ランプ (1931 年)

チボリ公園の照明

コペンハーゲン中央駅の前に広がるチボリ公園。1843年に開園した世界最古のテーマパークで、世界中から数多くの観光客が訪れる有数の観光地であり、デンマーク人にとっては心のふるさととも言える場所だ。ヘニングセンは、その主任建築家を1940年頃から十数年務めており、その間に公園内の施設の設計や照明のデザインなどを手がけた。

灯火管制用ランプ

主任建築家になって間もなく、ヘニングセンは戦時下における灯火管制時の照明器具をデザインした。上空の戦闘機などから直接光が見えないようにデザインされたが、1941年に設置された最初のものは下方に少し配光する仕様であったため、橋上に設置した器具からの光が池の水に反射してしまった。そのため、1943年に完全に水平なシェードのみで構成された改良版が製作されている。

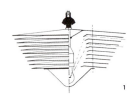

1. 最初の灯火管制用ランプ（1941年）　立面・断面図
2. 同　写真
3. 改良された灯火管制用ランプ（1943年）
4. グラススウィーツ（1943年）　概念図 [01]
5. グラススウィーツが設置されたブランチバーの様子
6. ホテルマリーナのテーブルランプ（1965年）　写真
7. 同　立面・断面図
8. チボリ公園メインエントランス付近の灯火管制用ランプ（1941年）
9. チボリレイクに架かる橋上の灯火管制用ランプと水面の反射光（1941年）

グラススウィーツ

　一方、チボリ公園内のインテリア照明としては、1943年にオープンしたブランチバーのためにテーブルランプ「グラススウィーツ」がデザインされた。ランプの高さはランプ越しに視線を合わせて会話ができる高さに抑えられており、数時間点灯しても熱くならないトップシェードはサンドイッチなどの料理を置く場所としても使われた。ユニークかつ合理的なアイデアが感じられるデザインだ。1965年には、コペンハーゲン北部の町ベスベクのホテルマリーナでも同様のテーブルランプが製作された。

チボリランプ

　戦争終結後の1949年には、陽気さを取り戻そうとするかのような遊び心あふれるランプがデザインされた。直径約55cmの螺旋状のシェードの中で、赤いラインが螺旋状に描かれた透明アクリルの光源カバーがシェードの螺旋とは逆方向にくるくると回転するランプで、「チボリランプ」と呼ばれている。回転モーター等の改良が加えられてはいるが、今なお公園で使用されており、その愛らしい姿を見ることができる。2015年の調査時には、チボリレイク周辺を中心に約80器のランプが確認できた。

　チボリランプについて、「慎み深くゆっくりと回ることが重要だ。早く回ると酔ってしまうので…」と茶目っ気あるコメントを残しているヘニングセン。科学的な方法に基づいて緻密にデザインする姿勢を貫く一方で、このようなユーモアを併せもっていることが、彼の照明器具の魅力に大きく関わっているのではないだろうか。

10. チボリランプを検査するヘニングセン（1949年）
11. チボリランプ　断面図
12-13. 同　写真

戦時中の紙製プリーツランプ

3枚シェードのプリーツランプ

　ランプの生産に必要な材料が不足していた戦時中の1941年、ヘニングセンはヨアディス・ヘアソーとチボリ公園で会い、プリーツの入った紙製のシェードによる3枚シェードのランプを共同で製作する提案を受ける。ヘアソーは、デンマークの照明メーカーであるレ・クリント社（p.156）からの依頼で紙製のプリーツシェードを製作していた人物であった。

　ヘニングセンがフレームを考え、ヘアソーがシェードの計画と製作を担当していたが、ヘニングセンがスウェーデンに亡命すること余儀なくされたこともあり、その完成には1943年の9月末までの期間を要した。完成したランプは、プリーツの入った3枚の紙製シェードと小さなリング状の真鍮製ハンガーで構成されている。このハンガーによってミドルシェードとボトムシェードが固定されており、ハンガーの下端には電球を上向きに差すソケットが設けられている。また同様の構成でペンダントランプやテーブルランプも設計された。

　なお、アルヴァ・アアルトの自邸「アアルトハウス」のリビングルームのピアノの上には

1. 紙製の3枚シェードのプリーツランプ（1943年）　断面図
2. 同　写真
3. 同　組み立て手順
4. ヘニングセンからアアルトに贈られたとされるテーブルランプ
5. レ・クリント社の紙シェードランプ
6. モデル101（コーア・クリント、1943年）
7. 球形のプリーツランプ（1946年）

紙製シェードのテーブルランプが置かれており、ヘニングセンが贈ったものと言われている。しかしながら、電気をつけると燃える危険性があると考えたアアルトは、一度もスイッチを入れなかったそうだ。

球形のプリーツランプ

また、ヘニングセンは 1943 年に球形のプリーツランプを開発し、デンマークとスウェーデンで特許を申請している。ところが、スウェーデンでは特許を取得できた一方で、本国デンマークにおいてはレ・クリント社が既に類似の手法を使用していたため（コーア・クリントによるモデル 101 など）、法的な争いへと発展することとなった。最終的には、製作と販売に対する許可は得られたものの、特許については認められなかった。

戦後に入ってデンマークで販売された球形のプリーツランプには、no.1 〜 4 と呼ばれる四つのサイズが存在した。no.1 が 11cm、no.2 が 22cm、no.3 が 33cm、no.4 が 40cm の直径で、白・黄・ピンク・赤・青のカラーヴァリエーションがあった。

なお、これら二つのタイプの紙製プリーツ照明は、1940 年代後半まで販売されていた。

PH5

　世界中で愛され、北欧デザインのアイコンにもなっている「PH5」は、食卓を低い位置から照らすことを想定してデザインされたペンダントランプで、1958年に発表された。それまでのPHランプでは、主としてクリアガラス電球のフィラメント光源から放射される光線を基準にデザインがなされていた。その一方で、新たな電球の開発が進むにつれ、電球自体がまぶしく発光する半透明なフロストガラス製の白熱電球が普及しつつあった。ヘニングセンに言わせると「不正確極まりない光線を発する」フロスト電球は、彼の理想とする光源からはかけ離れたものであった。

　PH5は、そのフロスト電球の使用を前提にデザインされている。電球全体を3枚の小さな反射板と四つのメインシェードシェードですっぽりと包み込むことで、すべての光が間接照明の原理で扱われているのが大きな特徴で、電球の真下が円形の蓋で閉じられている点にもデザインの徹底ぶりがうかがえる。光源から発する光は、小さな反射板によって拡散反射しながら、四つのメインシェードで方向づけられて光を放つ。最上部のシェードは、対数螺線によるトランペット型の形状をしており、上方に昇ってきた光を水平方向に広げる役割を果たしている。

1

PH5のもう一つの特徴としては、シェード内部に着色が施されていることが挙げられる。ヘニングセンは、近代照明の三原則の一つとして適切な光の色の必要性を提示していたが、その実践がPH5で行われたと言えよう。内部の小シェードに赤色と青色を着色することで、人の眼の感度が最も高い緑色と黄色の光を弱め、かつ、夕刻時の薄明かりの時間帯にふさわしい照明として、暖かさと爽やかさを併せもつ光の色をつくり出そうとした。

　ヘニングセンはPH5について、ユーモアと皮肉を交えながら次のように記している。「私の考えでは、現代の白熱光のすべてのクオリティがPH5のシステムで抽出される。それは光を精製するようなもので、ワインからブランデーを蒸留するプロセスに似ている。…（中略）…誰だってジャガイモやブドウを生のまま食べることはできるし、同様に天井から裸電球をぶら下げることもできる。そうすればカロリーや光量は余分に得られるだろうが、もしそれで満足するならばあなたはかなり鈍感な人に違いない」。

1. 夕暮れに浮かび上がるPH5
2. シェード内部の着色
3. 断面ドローイング
4. 1958年4月、機関誌『NYT』にて、ヘニングセンがPH5の色の効果の説明に用いた各種スペクトル図。上から、昼光、白熱灯、青色のフィルターをかけたとき（あるいは青色の反射光を加えたとき）の白熱灯、赤色のフィルターをかけたときの白熱灯、青色と赤色のフィルター（紫色のフィルター）をかけたことで青色と赤色が強められ、眼の感度が最も高い緑色と黄色の部分が抑えられた白熱灯（PH5に該当）、蛍光灯
5. 断面模型による光の振る舞いの検証（九州産業大学小泉隆研究室製作）

PH コントラスト

　1958 年から 62 年にかけてデザインされ、「PH コントラスト」と名づけられたこの照明器具は、光の色を変化させることができるペンダントランプである。

　その断面形を見ると、クモの足のように折り曲げられた 10 枚のシェードにより構成され、芯となる三つのコーン状の部分もシェードによって形成されていることがわかる。各シェードは、外側に光沢仕上げが施され、内側は白く塗装されている。一方、コーン状の部分では、外側は赤色、内側は青色に塗られている。

　そのようなシェードの色彩構成に加えて、このランプには電球を上下に動かすことが可能な仕掛けが施されており、電球の位置に応じて光の色を変えることができる。電球が上部にある場合には円錐形の白いシェードとその周囲の光沢仕上げのシェードが輝くことで白みの強い鮮やかな光になるのに対して、電球を下げると赤みの強い暖かい光に変化する。このように一つの照明器具でありながら異なる光の状態をつくり出すことができるのが、PH コントラストの大きな特徴である。

1. 電球を上げたときの光の状態
2. 電球を下げたときの光の状態
3. フィンユール自邸寝室に設置された PH コントラスト
4. 断面模型による光の振る舞いの検証(九州産業大学小泉隆研究室製作)
5-6. 立面・断面図

これだけ複雑な構造と仕上げを有する PH コントラストにはかなり高価な値段がつくことになったが、同国の家具デザイナーであるフィン・ユールやポーエ・モーエンセンの自邸などにも設置されており、数多くのデザイナーや建築家たちに愛されたランプだったようだ。ヘニングセン自身、値段が高くなりすぎたことについて、1962 年の NYT 誌上で次のように語っている。「私が長い年月夢見てきたこのランプは恐ろしく高価なものになってしまった。735 デンマーククローネ（当時のレートで約 182.5 万円）。銀婚式にかかる 4 倍の価格（これはワインの数ではない）。私にはこの価格をコントロールできず、このランプは高額品のカテゴリーに入ってしまった」。

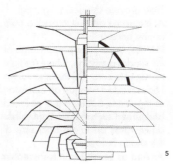

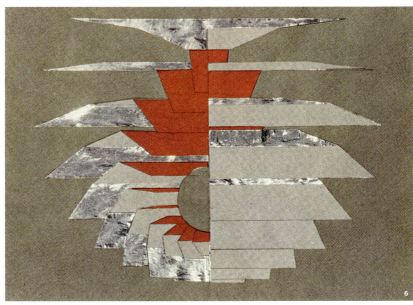

ランゲリニエ・パヴィリオンの PH アーティチョークと PH プレート

ヘニングセンの代表作である「PH アーティチョーク」は、コペンハーゲンの海辺に建つランゲリニエ・パヴィリオン（エヴァ&ニルス・コッペル設計、1958 年）のためにデザインされ、後に製品化されたものだ。当初ヨットクラブだった建物は、所有者が変わった現在でもオープンしており、オリジナルのランプも一つ残っている。

PH アーティチョーク

PH アーティチョークは、72 枚のシェードが 12 層にわたって配置され、一度見たら忘れられないような華やかさを湛えた形をしている。各シェードには、光源からの光を美しく反射するために微妙なカーブがつけられており、その表面加工も表と裏で異なり、入念に仕上げられている。各々のシェードが光を拡散させるとともに、下のシェードをやわらかく照らし、72 枚のシェードで形づくられた美しい姿を闇のなかに浮かび上がらせる。

このランプは、7 枚の着色ガラスシェードで構成される「PH セプティマ」(p.64) が原案とされる。

1. PH アーティチョーク　断面図
2. 同　写真
3. ランゲリニエ・パヴィリオン　内観
4. ランゲリニエ・パヴィリオンに現存するオリジナルの PH プレート
5. ランゲリニエ・パヴィリオンの PH アーティチョーク

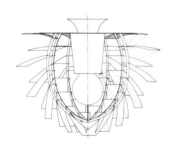

PH プレート

　もう一つ、このパヴィリオンでは「PH プレート」というランプもデザインされている。かつての写真によると、テーブル上でペンダントランプとして使われていたり、PH アーティチョークとの組み合わせでウォールランプとして使用されているものもあり、その姿は魅力的だ。

　断面図を見てみると、器具の高さがさほどないにもかかわらず、中央部では中心に光が集まるように、周縁部では水平方向外側に光が広がるように慎重にシェードの角度が決められており、ヘニングセンの徹底したこだわりが感じられる。

6. ランゲリニエ・パヴィリオン　外観
7. PH プレート　断面図
8. 1958 年当時のランゲリニエ・パヴィリオンの PH プレート
9. カフェ・ブラシルコの PH アーティチョークと壁付けの PH プレート（コペンハーゲン、1969 年）
10. デザインミュージアム・デンマークに展示されている PH アーティチョークとハンス・J・ウェグナーの椅子

PH ルーブルと PH スノーボール

「PH ルーブル」と「PH スノーボール」は、ともにルイスポールセン社より現行品として扱われているヘニングセンの代表作である。

PH ルーブル

PH ルーブルは、1957 年、コペンハーゲン郊外スコズボーの入浴療養所にあったアドベンチスト教会（火事で焼失、現存せず）のためにデザインされた。設計を担当した建築家チャールズ・K・ギェリルは、経済的かつ装飾的な照明器具のデザインを依頼した。そこで、ヘニングセンは 1942 年に考案していた教会用のスパイラルランプのアイデアに立ち戻る。ところが、スパイラルの形状のままでは制作費が高価になるため、スパイラルランプの質を保ちながらその形はシンプルに改良されていった。

ルーブルと名づけられた直径 60cm の球形の照明器具は、4 本の骨組みと 13 枚のシェードから構成される。温かな雰囲気を出すために、シェードの両面はオレンジ色に塗装されていたが、その後のヴァージョンではシェードの外側に光沢仕上げが施され、内側は白く塗装されている。1959 年には、ストックホルム近郊のオーケスコウに建設された室内プール・体育館用の照明器具として、直径 1.2m の巨大な PH ルーブルが製作されている。

PH スノーボール

一方、PH スノーボールは、1958 年にデンマーク工芸美術館（現：デザインミュージアム・デンマーク）で開催された「ガラス・光・色彩展」において発表された。シェードの数が 8 枚と少なく、小部屋用の照明器具として製作されたことが、PH ルーブルとの大きな違いである。シェードの内側は白く塗装され、外側には光沢仕上げが施されている。光が灯された際には上側が白く見え、下側が輝いて見えるが、シェードの向きと両面の仕上げの違いにより生じている効果である。

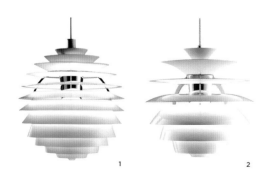

1. PH ルーブル（1957 年）
2. PH スノーボール（1958 年）
3. 建設当時のアドベンチスト教会の PH ルーブル
4. オーフス空港の PH スノーボール
5. 「ガラス・光・色彩展」(1958 年) で展示された PH ルーブル（中央）と PH スノーボール（左）

オーフス大学メインホールの
スパイラルランプ

　「美しい大学」の世界ランキングで上位に挙げられることも多いオーフス大学（C・F・メラー、カイ・フィスカー、パウル・ステグマン設計、1943 年）。自然豊かなランドスケープが広がるキャンパス内には、優美な校舎建築が点在している。そのメインホールのためにヘニングセンがデザインした照明が、「スパイラルランプ」である。

　天井高さ 19m、500 〜 600 人を収容できる大きなホールには、3 本のアームによって固定された螺旋状のシェードをもつ照明器具が 14 器設置された。この照明器具は、現在もオリジナルのまま使用されており、その姿を見ることができる。

　また、1964 年には、生活協同組合の新本社ビルの集会ホールに、真鍮・銅板・アルミニウムの三つの素材で構成されるスパイラルランプをデザインしている。

1. オーフス大学メインホール　外観
2. 同　内観

3-4.「PHランプの大回顧展」(2012年) で展示された「生活協同組合ビルのスパイラルランプ」
5. 生活協同組合ビルのスパイラルランプ　ドローイング

オーフス劇場のダブルスパイラルランプ

　最初の建物が19世紀に建てられたという歴史あるオーフス劇場。現在の建物は、人口の増加に伴い劇場が手狭になったため、1900年にハック・カップマンの設計により建設されたもので、四つの劇場を内包している。

　1955年、ヘニングセンは、その劇場の一つであるスカラ座に二重に螺旋を描くダブルスパイラルランプをデザインした。劇場の両側の壁面に計14組のランプが設置され、左右の通路に明るさを与えるとともに、豊かな光の造形が劇場を彩っている。

　直径約1.1mの螺旋を描くシェードが二つ連結され、その中心に小さな電球が設置されている。他の器具と同様、電球が直接見えないように配慮され、電球からの光をシェードに反射させることで配光されており、ヘニングセンの原則が貫かれていることがうかがえる。

1. オーフス劇場　外観
2. ダブルスパイラルランプ
3. スカラ座内部とダブルスパイラルランプ

Alvar Aalto

アルヴァ・アアルト
1898-1976

　近代建築の巨匠の一人にも数えられ、フィンランドを代表する世界的な建築家として知られるアルヴァ・アアルト。その活動は建築設計や都市計画にとどまらず、家具や照明器具、ガラス食器をはじめとする日用品のデザインに至るまで多岐にわたっている。

　1898 年、フィンランド西部の街クオルタネに生まれ、中部の都市ユヴァスキュラで少年時代を過ごす。1921 年にヘルシンキ工科大学（現：アアルト大学）を卒業後、1923 年に事務所を設立。近代建築の発展期において、多くの建築家がインターナショナル・スタイルを標榜していくなか、本国フィンランドでの活動を中心に据え、その建築およびデザインを世界に知らしめた立役者であり、EU 加入前のフィンランド・マルク紙幣の肖像画にもなっていたほど国民的な英雄でもある。

　生涯を通して人間と調和する建築を目指したアアルトは、照明器具においても、眼に対して生理的にも心理的にも優しい、光の質を重視したデザインを行った。

　「光の質とは何を意味するのか？　光は、人間が常に必要としている現象である。この点で光の正しい質の問題は、人間と時々にしか接触しない物よりも重要である。…（中略）…その肝心な役割である人間のための照明、目の衛生に適した照明、そして一般に人間にとって重要な質の問題は後回しにされている。とくにこの点に関して、形を無理やりに付け加えることで、その欠乏を補うことが試みられている。」（スウェーデン工芸家協会の年次総会における講演、1935 年）

キャンドル器具のデザイン

「ローソクの光は人間にとって何が最も合理的な人工光線であるかの問題を解く鍵を与えている」のように、人間的な技術について説く際にキャンドルを例に挙げることもあったアアルト。大学卒業後、最初の事務所をユヴァスキュラに構えていた1920年代には、ユヴァスキュラ近郊を中心に木造教会の改修を手がけており、そこで燭台やシャンデリアなどのキャンドル器具のデザインを行っている。ここでは、1924〜26年改修のアントラ教会、1926年改修のコルピラハティ教会の二つを紹介しよう。

1. アントラの教会　外観
2. 同　キャンドルシャンデリア
3-4. 同　内観
5. 同　3種の燭台

アントラの教会

　ヘルシンキから北西約 200km に位置する街ミッケリ近郊のアントラに、1870 年に移設されたと言われる集中型平面の教会。その改修にあたり、アアルトは祭壇をはじめとして、内陣の手すり、詩篇や韻文が描かれたボード、オルガン台、安楽椅子、壁付けの貴重品箱などをデザインしている。キャンドル器具としては、六つの燭台が配された真鍮製の球形シャンデリアと祭壇用の 3 種類の燭台が製作された。

コルピラハティの教会

　ユヴァスキュラ近郊のコルピラハティに1820年代に建てられた教会では、開口部や天井などを大規模に改修する提案を行ったが、実現には至らなかった。そこでは、祭壇、演台、内陣などに加え、キャンドル器具としては7本のローソクを立てることができる燭台、2種類の真鍮製キャンドルホルダーがデザインされた。キャンドルホルダーの一つは一対の筒の中にローソクを入れるもの、もう一つは2本の燭台の背後に円盤が付けられたもので、光の質・色・方向をコントロールしようとする意図が見られ、後の照明器具のデザインへとつながっていくものとして位置づけることができるだろう。

6. コルピラハティの教会　外観
7. 同　祭壇
8. 同　内観
9. 同　燭台
10-11. 同　壁付けのキャンドルホルダー

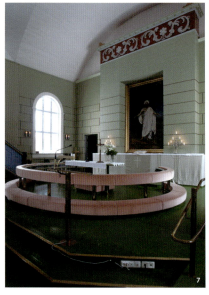
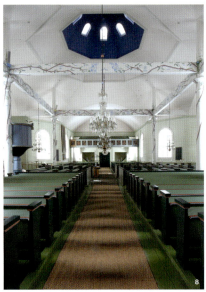

PHランプが設置された初期の作品

　現在アルテック社（アアルトらが設立した家具メーカー、p.108）で販売されているアアルトの照明器具は、レストラン・サヴォイ（1937年）のインテリア設計時にデザインされた「ゴールデンベル」（p.114）以降のものが大半を占めるが、それ以前にも古典主義スタイルあるいは機能主義スタイルの照明器具がデザインされている。また、1928年には以後親交を深めることになるポール・ヘニングセンとの出会いがあり、PHランプが設置された作品も見られる。

　ここでは、アアルトが照明器具のデザインに着手するようになった初期の建築作品と照明器具を年代順に振り返ってみよう。

　大学卒業後間もなく、古典主義的なデザインを行っていたアアルトは、労働者会館（1924〜25年）で種々の照明器具を手がけている（p.98）。一方、その後に設計されたムーラメの教会（1926〜29年）では、礼拝堂をはじめとして主たる空間でPHランプが使用されている。

やがて機能主義的な方向へと作風が変化していくが、その最初期の作品であるトゥルク農業組合本部ビル（1927〜29年）では、劇場やレストランなどでPHランプが設置されている。また当時、アアルトはこのビル内に事務所と自宅を構えており、そのリビングルームでもPHランプを使用していた記録が残っている。その1年後に竣工したトゥルン・サノマット新聞社（1928〜30年）では、標準仕様としてデザインされた機能主義的な照明器具を多数使用しながらも、応接室にはPHランプを設置していたことがドローイングから確認できる。また、天井の配線ダクトにPHランプが取りつけられた写真も残っている。

　対して、同時期の代表作として知られるパイミオのサナトリウム（1928〜33年、p.102）ならびにヴィープリの図書館（1927〜35年、p.106）になると、機能主義的傾向の強い照明器具のみですべてが構成され、PHランプの使用は見られない。その後、1933年にヘルシンキに事務所を移し、設計を行った自邸のアアルトハウス（1934〜36年）は、アアルトのオリジナリティが色濃く出はじめる作品だが、そのファミリールームには3枚シェードのPHランプが設置されている。

1．ムーラメの教会　内観
2．トゥルク農業組合本部ビル　レストラン
3．同　劇場
4．トゥルン・サノマット新聞社　配線ダクトに設置されたPHランプ
5．同　応接室のスケッチ
6．トゥルク農業組合本部ビル　アアルト自宅内のリビングルーム
7．アアルトハウス　ファミリールーム

労働者会館の照明

　若きアアルトがユヴァスキュラに事務所を構えていた時期の代表作が、1925年に建てられた労働者会館である。そこでは、植物、騎士の武具などをモチーフにした古典主義スタイルの装飾的な照明器具が多数デザインされた。暗さが支配的な空間において、それらの照明器具は幻想的な雰囲気を付与するのに一役買っている。

1. 各種照明器具のドローイング
2. 2階劇場のペンダントランプ
3. 2階劇場のウォールランプ
4. 2階ホワイエに配された各種照明器具

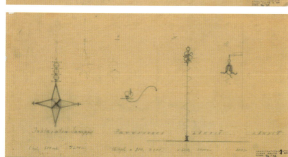

標準仕様の照明器具

　アアルトのドローイング集によると、機能主義に傾倒していた1929年から1932年の間に、自身の作品で標準仕様として用いるために約20器の照明器具がデザインされ、そのうちのいくつかは家具メーカーのタイト社およびアルテック社から製品化もされている。

　いずれも装飾的な要素は一切なく、「光で照らして明るくする」という照明の機能を純粋に充足するために最低限のシンプルな形態操作によってデザインされている。図面には光源から出た光や反射光の経路が描かれているものもあり、この描写はヘニングセンの影響とも言われる。

　この時期の照明器具についてはこれまで注目されることは少なかったが、実際には戦後に展開されることになるアアルトのオリジナリティあふれる照明デザインへと根底でつながっていく原点とも捉えられるものも散見され、その点で興味深い。なお、トゥルンサノマット新聞社ビル（1928〜30年）など、この時期に設計された建築作品の当時の写真からは、これらの標準仕様の器具が使用されている様子をうかがい知ることができる。

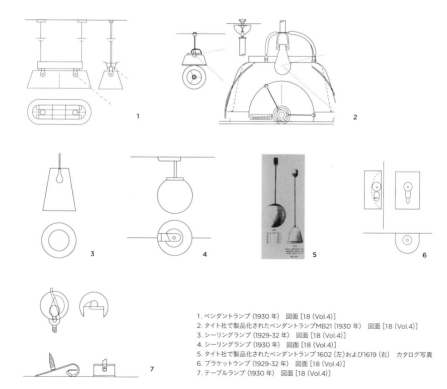

1. ペンダントランプ（1930年）　図面 [18 (Vol.4)]
2. タイト社で製品化されたペンダントランプMB21（1930年）　図面 [18 (Vol.4)]
3. シーリングランプ（1929-32年）　図面 [18 (Vol.4)]
4. シーリングランプ（1930年）　図面 [18 (Vol.4)]
5. タイト社で製品化されたペンダントランプ1602（左）および1619（右）　カタログ写真
6. ブラケットランプ（1929-32年）　図面 [18 (Vol.4)]
7. テーブルランプ（1930年）　図面 [18 (Vol.4)]

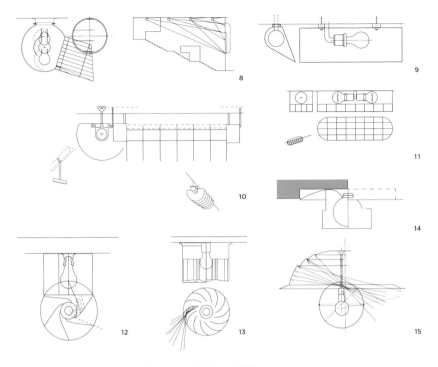

8. 天井付けスポットライト (1930年)　図面 [18 (Vol.4)]
9. 天井付けスポットライト (1929-32年)　図面 [18 (Vol.4)]
10. シーリングランプ (1929年、トゥルン・サノマット新聞社ビルで使用)　図面 [18 (Vol.4)]
11. シーリングランプ (1930年)　図面 [18 (Vol.4)]
12. 渦巻きモチーフのシーリングランプ (1929年)　図面 [18 (Vol.4)]
13. 渦巻きモチーフのシーリングランプ (1932年)　図面 [18 (Vol.4)]
14. 天井埋め込み型シーリングランプ (1929-32年)　図面 [18 (Vol.4)]
15. 天井埋め込み型シーリングランプ (1929-32年、パイミオのサナトリウムの食堂で使用)　図面 [18 (Vol.4)]
16. トゥルン・サノマット新聞社ビル　天井のライティングダクトに設置されたシーリングランプ
17. 同　ペンダントランプ1602が設置された1階事務室

Alvar Aalto

パイミオのサナトリウムの照明

　1930年代初頭にはバウハウスに見られるような技術性・合理性を重んじる機能主義に傾倒していたアアルトであったが、やがてその限界を感じ、その考え方を人間の心理的・生理的側面にまで押し広げた「人間的機能主義」へと移行していく。その時期の代表作であるパイミオのサナトリウム（1928～33年）では、照明器具のデザインにもそのような思想の変化が反映されている。

病室の照明器具
　各病室では、ベッドで療養する結核患者に配慮して窓・暖房設備・シンクに至るまですべてがトータルにデザインされた。

病室の照明に関して、「普通の部屋は立っている人のためのものだが、患者の部屋は横になっている人のためのものである。…（中略）…人工照明には天井据え付けの一般的な器具を使ってはならない。光源は寝ている患者の視野の外になければならない」と言及しているアアルト。ベッド上部に設けられたブラケットランプでは、下部にスチール製の皿を設けることでベッドに寝ている患者から光源が直接見えないデザインが施されている。加えて、光源を半透明の筒状のカバーで包み込むことによりまぶしさが軽減されており、グレアフリーの光環境が実現されている。

　さらに、器具上部の天井に目を向けると、半円形に白くペイントされ、反射率が高められていることがわかる。光を効率よく拡散反射するためのデザインであり、間接照明のように天井面を一体的に扱っているのだ。

　なお、病室のスタディの図面では、細長いシーリングランプや反射板が設けられた照明器具が検討されていた痕跡を確認でき、天井部分の反射率を高めるというアイデアを探っていたことがうかがえる。

1. パイミオのサナトリウム　病室
2. 同　病室のブラケットランプのスタディ図 [18 (Vol.4)]
3. 同　病室のブラケットランプと天井の仕上げ

食堂の照明

　一方、病室棟とは別棟にある食堂には、天井面に設けられた半球形のくぼみに球形の照明が吊り下げられた独特の器具が設置されている。球形のカバーの下半分は乳白色の半透明素材でつくられており、ここでも光源が直接眼に入らないよう配慮されている。対して、上半分は透明で、上方へ放たれた光は金色の半球状のくぼみに反射し、室内を照らす。なお、この照明器具は標準仕様のものである（p.101、図15）。

半建築化照明の試み

　建築と一体化された照明は「建築化照明」と呼ばれ、現在では多用されているが、そこでは照明器具は隠されるのが一般的であるのに対して、このような天井面の反射を活用するアアルトのアイデアは「半建築化照明」とも名づけることができる手法である。同様の手法を用いた照明器具は、パイミオのサナトリウム以前に建設されたトゥルン・サノマット新聞社（1928〜30年）の階段ホールに見ることができ、この時期の主題の一つだったようだ。「人間的機能主義」の考え方に基づいてより良い光環境を生み出そうとするアアルトの確固たる意志とともに、先見の明が感じられる照明と言えよう。

4. トゥルン・サノマット新聞社　階段ホールの照明
5. パイミオのサナトリウム　食堂
6. 同　食堂の照明

ヴィープリの図書館の照明

　同時期のもう一つの代表作であるヴィープリの図書館(1927〜35年)の閲覧室では、本を読む利用者の眼に優しい光環境の構築が重要なテーマとして掲げられた。

　自然光に関しては、アアルトが「無数の太陽」と呼んだ閲覧室全体を覆う57個の円筒形のスカイライト群が有名であり、そのアイデアを示すスケッチも残されている。その一方で、人工照明のコンセプトを表す貴重なスケッチも存在しており、そのスケッチからは閲覧室内を歩いている人がいても本を読んでいる人に影が落ちないように、また両側の

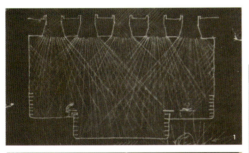

1. 閲覧室の断面スケッチ　自然光のスタディ
2. 同　人工照明のスタディ
3. 天井に埋め込まれた照明　写真
4. 同　断面図
5. 照明点灯時の閲覧室

壁面から反射・拡散する光によって本を読めるようにする設計意図を読みとることができる。その照明器具は、壁面に向けて強力な光を放つ投光器とも呼べるような器具であり、閲覧室の天井に計12個の器具が埋め込まれている。2011年の調査によると、一つの照明器具に対して1000Wの電球を二つ使用しているとのことであった。

このように、器具自体はシンプルで機能主義的なものだが、本を読む利用者の視環境を第一義に考えた照明計画および器具デザインがなされている。しかしながら、実際には壁面からの反射光だけで明るさを確保するにはやや無理があったようで、テーブルランプが併用されていたようだ。

アルテック社の設立

「テクノロジーはアートに出会うことで洗練されたものになり、アートはテクノロジーの力によって機能的・実用的になる」という理念のもと、1935年、アルヴァ・アアルトと妻のアイノ・アアルト、後にマイレア邸の施主となる美術収集家のマイレ・グリクセン、美術史家であったニルス＝グスタフ・ハールの4人によって、アルテック社は設立された。「アルテック」とは、「アート（芸術）」と「テクノロジー（高い技術）」の融合を意味するアアルトらによる造語である。

1920年代後半よりアアルトはアイノともにインテリア製品をシリーズ化して製作していたが、為替レートや労働賃金の安さなども遠因にしながら、1930年代初頭には安価で高品質な家具としてスイス、フランス、イギリスなどで人気を博しつつあった。そのように急増する国外からの家具の需要に対応することに加え、まだ低調だったフィンランド本国での国内需要を開拓することも、アルテック社設立の背景に挙げられる。

　当初から「家具の販売だけでなく、展示会や啓蒙活動によってモダニズム文化を促進すること」が目的として掲げられ、一般の人々が文化雑誌に触れることのできる読書室の設置、芸術批評などに関する書籍の出版、住居の合理化を促進する各種工業製品の常設展示といった遠大な計画が立てられており、設立時のマニフェストにそのコンセプトを見ることができる。1935年12月に小規模な代理店としてスタート、翌1936年初頭にはヘルシンキ中心部の銀行ビル内に店舗とオフィスを構えた。

1. 設立当時のアルテックのショールーム　外観 (1939年)
2. 同　内観 (1936年頃)
3. アルテック設立時のメンバー (左からアルヴァ・アアルト、アイノ・アアルト、マイレ・グリクセン、ニルス=グスタフ・ハール)
4-5. アルテック設立時のマニフェスト

設立メンバー間ではそれぞれに役割があり、アイノ・アアルトがショップのインテリア・デザインと家具デザイン（1941年に社長に就任）、マイレ・グリクセンがギャラリーの運営と宣伝広告、ニルス＝グスタフ・ハールが初代社長としてマネージメントディレクターを担当した。こうして活動を開始したアルテック社は、店舗やギャラリーの運営を通してフィンランドの人々にモダニズムの思想を広め、家具の販売事業も順調に育っていった。

　ギャラリーに関しては、1937年5月のフランス芸術展を皮切りに、家具やガラスや織物などの展覧会のほか、ピカソ展（1948年）、ル・コルビュジエ展（1953年）など当時注目を集めていた芸術家の展覧会も催され、1990年代までオープンされていた。

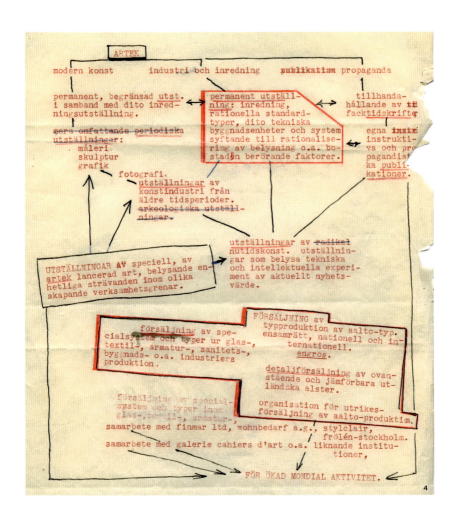

なお、アアルトの家具はアルテック設立当初より販売されていたが、照明器具が販売されたのは戦後の1952年からである。家具や照明などのすべての製品は、ある建築を設計する際にデザインされ、後に製品化されたものであるが、そのことに関してはアアルト自身が次のように語っている。

「ランプや椅子は常に環境の一部である。ある公共の建物を設計する仕事をしている際に、それら付属物が全体の統一をつくり出すために必要であることに気づき、それらもデザインすることにした。それゆえ、のちにそれらが他の環境にも適合したというのは別の話である」。

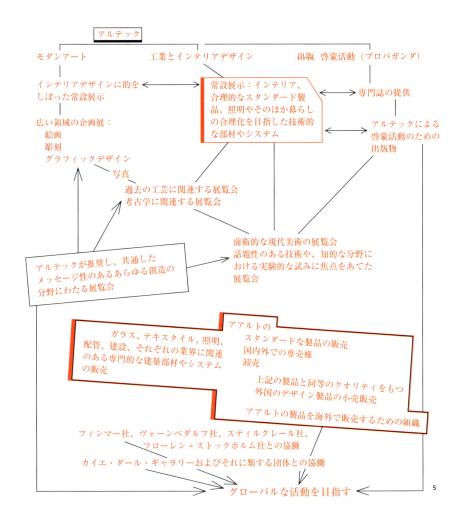

アルテック社の照明工場

　現在、アルテック社では自社の照明器具を中国の工場などでも製作しているが、「エンジェル・ウイング」(p.132) など高度な技術を要する製品については本国トゥルクの工場で製作している。トゥルクはフィンランド南西部に位置する同国最古の港町で、1812年にヘルシンキに遷都されるまで首都であった歴史ある街である。

　なお、1920年代からマイレア邸 (1938～39年) までの照明器具に関しては、タイト社の社員であったパーヴォ・テュネルが主として製作を受けもっていた。その後、彫刻的で曲線のフォルムの器具も増えてきた1950年代からアアルトが没するまでの約20年間は、ヴィリヨ・ヒルヴォネンが技術的なアドバイスや製作を担当し、アアルトは彼の技術や感性に関して全幅の信頼を寄せていたと言われる。

　なお、同工場では古くなった照明器具の修復も行っており、重要な業務の一つとして位置づけられている。

1. トゥルクの照明工場
2. 修復計画のための資料
3. 修復中の照明器具
4-7. 作業風景

レストラン・サヴォイとゴールデンベル

アアルトが1937年に内装を手がけたレストラン・サヴォイでは、「ゴールデンベル」と称される照明器具がデザインされた。この愛くるしい形をした照明器具は、照明デザインにアアルトらしさが表現されはじめた初期の作品として重要なものと位置づけられる。同年1937年にはアルテック社から製品化もされ、のちにいくつかのヴァリエーションも生まれており、1937年から現在まで販売され続けている一体成形型の真鍮による「A330S」、1954年に三つのパーツを組み合わせる形にアレンジを加え発売された、パーツ間の隙間から光が漏れる「A330」（p.126、図2）、そして乳白色ガラス仕様の「A440」（p.126、図3）などがある。

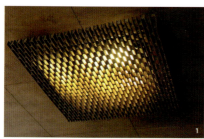

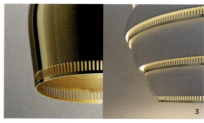

1. 天井照明の木製カバー
2. 内観
3. 照明下部に連続する楕円形の穴
 「A330 ペンダント」(1954年、右) と「A331 ビーハイブ」(1953年、左)
4. プライベートルームに設置されたゴールデンベルのシャンデリア
5. テーブル上部に設置された「A330S ゴールデンベル」(1937年)
6. A330が設置されたアカデミア書店2階のアアルトカフェ

ゴールデンベルでは、下部に楕円形の穴が連続し、光り輝く帯がデザイン的なアクセントになっている。この縁取りのデザインは、後の「ハンドグレネード」(p.128) や「ビーハイブ」(p.132) などにも多用されている手法である。
　一方、レストラン・サヴォイの天井照明には、光源からの光を柔らかく拡散させるために、小さな穴が開けられた木製カバーが設置されているが、こちらは楕円形の穴が交互に連なるデザインだ。また、レストラン直下階のプライベートルームには複数のゴールデンベルが房状に配された貴重なシャンデリアが設置されている。
　なお、特徴的なクリスタル・スカイライトでも知られるアカデミア書店 (1961 〜 69 年) 2 階のアアルトカフェでは「A330」が吊り下げられており、各テーブルを優しく照らしている。

マイレア邸書斎の照明

　世界でも指折りの名作住宅として名高いマイレア邸（1938～39年）。アアルトはここでもいくつかの照明器具をデザインしており、なかでも書斎に設置されている球形のペンダントランプが目をひく。のちにルイ・カレ邸（1956～59年）設計の際にデザインされ、製品化された「ビルベリー」（p.124）と同じ形状をしており、その原型と考えられるが、全面にパンチングされた小さな穴から漏れる光が美しく、愛らしい。

　一方、妻のアイノは、ダイニングルームおよび書斎のためにハット型のペンダントランプ、テーブルランプ、フロアランプを手がけた。これらの照明では、ステッチが付けられてやや装飾的であったり、角部の扱い方が洗練されているなどの異なる点が見られるものの、アアルトが機能主義に傾倒していた時期にデザインした標準仕様の照明器具（p.100、図1）に類似しており、それらを基本形として継承したものとして捉えることができる。アアルトとアイノの共同作業の実態やクレジットの仕方については不明な点が多々あるが、機能主義期に手がけた照明器具は二人にとって原型の一つになっているようだ。

1. マイレア邸書斎
2-3. アイノ・アアルトがデザインしたハット型のペンダントランプ
4. パンチングメタル製のペンダントランプ

ルイ・カレ邸の展示照明

　美術商が施主であったルイ・カレ邸（1956 〜 59 年）では、住居としての機能に加えて、芸術作品の展示機能が求められた。住宅内部の各所に絵画や彫刻などの芸術作品が飾られ、自然光と人工光の調和によって豊かな展示・鑑賞空間がつくり出されている。

　ダイニングルームには、作品が飾られた東西二つの壁面があり、それぞれの手前に独特な形をしたペンダントランプが吊り下げられている。前述のゴールデンベル（p.114）の側面に展示作品を照らすための開口が開けられており、その M 字形に飛び出すシェードの有機的な形態が大変ユニークで興味深い。この独特なシェードの形状をスタディしているスケッチのほか、テーブルに座った人の頭上を通って壁に光を照射するように設置高さを検討するスケッチも残されている。

1. ダイニングルーム　断面図 [19]
2. 同　ペンダントランプの M 字形シェードのスケッチ
3. 同　ペンダントランプ
4. ダイニングルーム

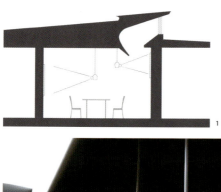

また、リビングルームの天井に設置された照明も実に個性的な形をしている。この照明においても、三方の壁面に向けて突き出た開口部から放たれた光が作品を照らすと同時に、下方へ落ちる光が部屋に明るさをもたらしている。機能から決定されたシンプルな形状とも言えるが、機能から直接的に形を導き出している点に単なるスタイルではない「純粋な機能主義」を貫くアアルトの姿勢をうかがうことができる。

5. リビングルーム
6. リビングルームの天井照明　平面・断面図 [19]

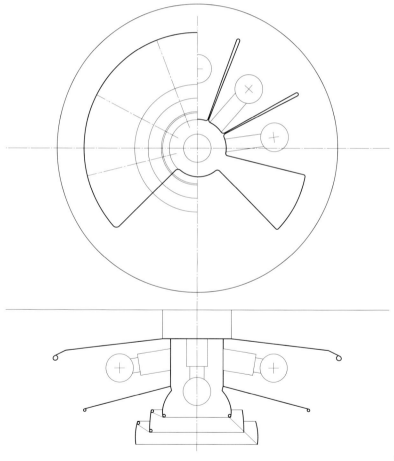

球形のスポットライト

　ルイ・カレ邸の書斎では球形のペンダントランプもデザインされており、のちにアルテック社で製品化もされた。「ビルベリー（コケモモ）」と称されるこの照明は、そのプロトタイプをマイレア邸の書斎のためにデザインされたパンチングメタル製のペンダントランプ（p.119）に見ることができる。

　また、さらに遡ると、標準仕様としてデザインされた照明器具のドローイング中にそれらの原型らしきものが確認でき、天井に据え付けるタイプの球形のスポットライトに開けられた円形の開口部から特定方向に光が照射される様子が描かれている（p.101、図8）。開口部にルーバーが設けられている点では異なるものの、基本的な形態や考え方はマイレア邸およびルイ・カレ邸のペンダントランプに踏襲されていると言えよう。

　なお、ヘルシンキ工科大学（現：アアルト大学）建築学科棟（1955〜64年）の教室では、開口部が球の真下に設けられ可動式である点に違いはあるが、類似する球形のスポットライトが天井に設置されており、教壇を照らしている。先のドローイングには階段状の大空間で使用する様子を検討するスケッチも描かれており、1920年代においてすでにそのアイデアが生まれていたことがうかがえる。

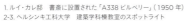

1. ルイ・カレ邸　書斎に設置された「A338 ビルベリー」（1950年）
2-3. ヘルシンキ工科大学　建築学科棟教室のスポットライト

有機的なフォルムを用いたランプ

　アアルトがデザインした照明器具の代表的なタイプとして、有機的なフォルムを用いたものを挙げることができる。ユニークな丸みを帯びた彫刻的な形状が特徴で、その初期の例がレストラン・サヴォイの設計時にデザインされた「ゴールデンベル」(p.114) である。同様の照明器具は、国民年金会館本館 (1948 〜 57 年) の「ターニップ (かぶ)」をはじめとして、その後も数多くデザインされた。

1. A330S ゴールデンベル (1937 年)
2. A330 ペンダント (1954 年)
3. A440 ペンダント (1954 年)
4. A333 ターニップ (1950 年代)
5. A335 ペンダント (1956 年)
6. 国民年金会館本館来客用ブースのブラケットランプ
7. A808 フロア (1955-56 年)

円筒形のペンダントランプ

　アアルトの照明器具には円筒形を組み合わせたものも多く、典型的なタイプの一つに数えられるだろう。

　その代表例が、サウナッツァロの村役場の議場で最初に設置された照明で、その形状から「ハンドグレネード（手榴弾）」と名づけられている。闇に満たされた暗い議場において、主たる光は闇を壊すことなく直下に導かれ、シリンダーの隙間から上部に漏れる淡い光は穏やかな雰囲気を演出し、器具の色も闇に同調するように黒く塗られている。同形のペンダントランプはスカンジナビア館の図書室にも用いられたが、ここでは明るい空間に合わせて白に塗装されている。「ゴールデンベル」（p.128）に見られた楕円形の穴の縁取りがここでも用いられており、光り輝くアクセントとしての効果を発揮している。

　この円筒形ランプのヴァリエーションとしては、円筒の長さが抑えられ上部に反射板をつけたタイプや、複数個を束ねたタイプなどがある。また、側面にフリーフォームの欠き込みが施された器具も見られる。

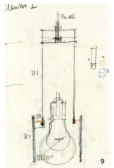

1. サウナッツァロの村役場　議場
2. A110 ハンドグレネード（1952年）
3. フリーフォームの欠き込みが施された「A111ペンダント」（1962年）
4. ヘルシンキ工科大学　建築学科図書館のシーリングランプ
5. ユヴァスキュラ教育大学　学生食堂のシーリングランプ
6. スカンジナビア館　図書室の「A110 ハンドグレネード」（1952年）
7. 国民年金会館本館　会議室の「A201ペンダント」（1950年代）
8. 同　会議室の三連タイプの「A203ペンダント」（1950年代）
9. スタディ・ドローイング

Alvar Aalto

ポール・ヘニングセンからの影響

アアルトは、ポール・ヘニングセンの照明から影響を受けていることを自ら公にしている。

ヘニングセンは、多層のシェードで光源を包み込むことでまぶしさを抑え、必要なところに効率的に配光することを基本理念として、その理念に従いつつ数々の照明器具をデザインした。その点で、ヘニングセンは、一つのタイプをベースにそのヴァリエーションをつくり続けたとも言えるだろう。それに対して、アアルトは、これまで紹介してきたように多様なタイプの器具を生み出してきた点でヘニングセンとは異なっている。

複数のシェードを重ね合わせる手法にヘニングセンからの影響が感じられるが、その代表例と言えるのが国民年金会館本館（1948～57年）の設計の際にデザインされた「フライングソーサー（空飛ぶ皿）」である。上部を反射板で覆い、同心円状に並ぶシェードが光源を包囲する構成は、ヘニングセンがデザインした「パリランプ」(p.34)や「PHプレート」(p.78)などに類似している。また、同建物のクリスタル・スカイライト内に設置されたペンダントランプでは、上部にヘニングセンの「PH5」(p.74)などと同じ形状の反射シェードが設置されており、上方への光を水平方向に拡散する役割を果たしている。

1. 国民年金会館本館のクリスタル・スカイライト内に設置されたペンダントランプ　図面
2. A337 フライングソーサー（1951年）
3. 国民年金会館本館　事務室のシーリングランプ
4. 同　クリスタル・スカイライト内に設置されたペンダントランプ

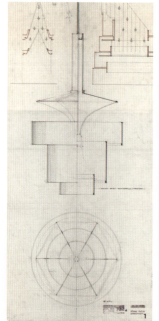

リング状のシェードで光源を包み込んだ照明

アアルトは、リング状のシェードを層状に組み合わせるヘニングセン譲りの手法を用いながらも、彼らしいユニークな形状にデザインされた照明も製作しており、「エンジェルウイング（天使の羽）」と「ビーハイブ（蜂の巣）」の愛称で知られる二つがその代表例である。

エンジェルウイングでは、上方に向かって広がる形に薄板のリング状のシェードを重ねることで天使の羽のような優美な形状が生み出されている。一方、ビーハイブは、重ね合わされた真鍮製のリングが球形を形づくるペンダントランプで、蜂の巣のように細かなスリットから漏れる光が美しい。

なお、建築作品においても複数の帯状のエレメントで空間を包み込む手法が見られるが、そこにスケールや対象を超えて連続するアアルトの思考を見出すことができるだろう。

1. A622 シーリング（1953 年）
2. カストロップ・ラウゼルの都市センター計画における多目的ホール（計画案、1965-66 年） 設計過程でのスケッチ
3. A809 フロア（1959 年）
4. A331 ビーハイブ（1953 年）
5. A805 エンジェルウイング（1954 年）
6. 各種照明が描かれたドローイング（1950 年代）

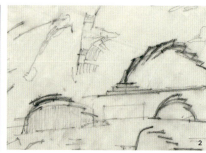

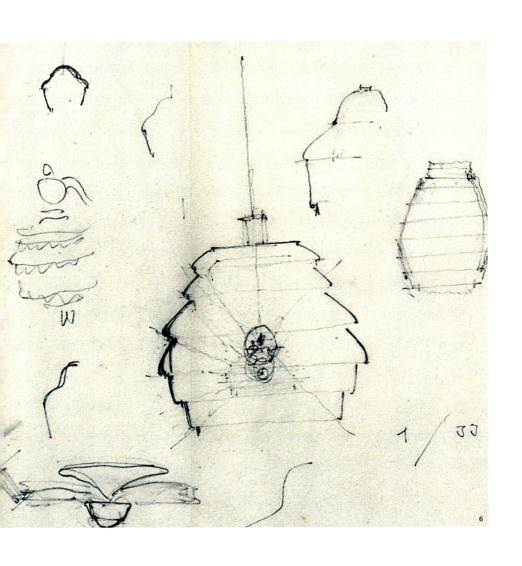

Alvar Aalto

小型の照明器具

　アアルトはデスクランプやベッドサイドランプといった小型の照明器具も手がけており、パイミオのサナトリウム（1928〜33年）では2種類のデスクランプが製作された。その一つは、ヘルシンキで開催された最小限住宅展（1930年）のために1929年にデザインされたものである。光をコントロールできるようにカバーは可動にされており、ウエイトとしても機能するよう台座には重量のあるスチールの厚板が使用され、ベッドのサイドボードにも取り付け可能な形に折り曲げられている。機能に忠実にシンプルにデザインされており、同年アルテック社から「A703」として製品化もされている。

　また、ヴィープリの図書館（1927〜35年）のためにデザインされたデスクランプも同様に、1959年に「A704」として復刻されている。後期の建築作品であるマウント・エンジェル修道院の付属図書館（1964〜70年）に設置されているデスクランプは、ヴィープリの図書館のものに酷似しており、その後の発展形として捉えることができるだろう。

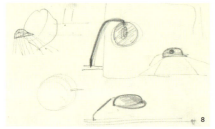

1. パイミオのサナトリウムの事務室で使用されたものとされるデスクランプ「モデル5301」（1933年）
2. A702 デスク（1950年代）
3. A703 デスク（1929年）
4. A704 デスク（1959年）
5. パイミオのサナトリウム　病室のデスクランプ
6. ルイ・カレ邸　寝室のベッドサイドランプ
7. ヴォクセンニスカ教会　祭壇のデスクランプ
8. ヴィープリの図書館のためにデザインされたデスクランプのスケッチ（1933年）
9. マウント・エンジェル修道院の付属図書館　デスクランプ

図書スペースの照明

　「目に不適当な自然光や人工照明を使用し、人間の目を痛めることは、建物が構築物としてどんなに価値あるものであったとしても、反動的な建築を意味するのである」と語るアアルト。生涯を通して数多くの図書館建築を手がけたが、どの作品においても光の問題について十分に配慮されており、丁寧に設計されている。

　そこでは、本を読む利用者の立場に立った上で光と影の対比が抑えられ、直射光を避けるデザインが施された。また、手元で本を読むための照明、書棚で書籍を照らすための照明と、用途に応じて光の質が考慮されている。またそれらの器具は、曲線を用いた有機的な形態にデザインされたものも多いが、冬の薄暗く寒い時期には、光の質とともにその形態が柔らかさや温かさをもたらしている。

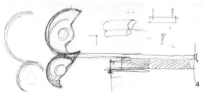

1. ロヴァニエミ市立図書館　閲覧室の照明
2. 国民年金会館本館　図書室の照明
3. スカンジナビア館　図書室の照明
4. 書棚用照明のスタディ・スケッチ
5. 国民年金会館本館　図書室の書棚用照明

自然光と人工光の調和

アアルトは、北の地の乏しい自然光をうまく建物内部に取り込むと同時に、自然光と人工光の調和にも気を配った。その取り組みの変遷を見てみよう。

読書のための光環境を重要な課題として掲げた最初期の作品であるヴィープリの図書館（1927〜35年）では、自然光を取り込む円筒形スカイライト群と人工照明はまだ一体的に扱われておらず、別のシステムとして考えられている傾向が強い（p.106）。また、パイミオのサナトリウム（1928〜33年）のロビーにおいても、円筒形のスカイライトの近くに照明が設置されてはいるものの、その扱いは一体的ではなかった。

それらが一体的に考えられるようになったのが、1937年に開催されたパリ万国博覧会のために設計されたフィンランド館である。そこではヴィープリの図書館と同様の円筒形スカイライト群が配されているが、屋上に突出した各スカイライトの上部にアームを用いて照明器具が設置されている。この照明には雪を溶かす効果もあり、さらには造形要素としての役割を果たしていることもある。

その後、スカイライトと照明器具を一体的に扱う手法は、アアルト独自の設計手法として定着していくこととなる。その一方で、円筒形スカイライトの内部に照明器具が組み込まれたものや、国民年金会館本館のクリスタル・スカイライトのように二重のガラスの間にペンダントランプが設置された例も見られる。

1. パイミオのサナトリウム　ロビー
2. パリ万国博覧会フィンランド館
　　スカイライトの断面スケッチ［18（Vol.6）］
3. ヴォルフスブルク文化センター
　　屋上庭園から見たスカイライトと照明
4. 同　スカイライト内の照明器具
5. アカデミア書店　スカイライトと照明
6. 同　クリスタル・スカイライトと照明
7. 国民年金会館本館　スカイライト内の照明

ユニークな外灯

　アアルトは外灯のデザインも多数手がけたが、その初期の代表例としてはパイミオのサナトリウム（1928〜33年）のものが挙げられるだろう。上部に有機的な形をした反射板が取り付けられた外灯で、配光を検討するために反射光の様子が入念に描かれたドローイングも残っている。以降、その発展形と捉えられる反射板を上部に配したタイプの外灯がデザインされている。

　それらは機能的でありながら遊び心にあふれており、アアルトの真骨頂とも言える自由曲線が用いられたものや、螺旋や渦巻きをモチーフにしているものなど、その形も実にユニークだ。制約が少なく自由度の高い外灯を、アアルトが楽しみながらデザインしている様子が伝わってくる。なお渦巻きモチーフの外灯は、機能主義時代にデザインされた標準仕様ランプのヴァリエーションと思われる（p.100、図13）。

1. 国民年金会館本館の外灯
2. ルイ・カレ邸の外灯
3. コッコネン邸の外灯
4. マイレア邸の外灯
5. パイミオのサナトリウムの外灯　写真
6. 同　ドローイング

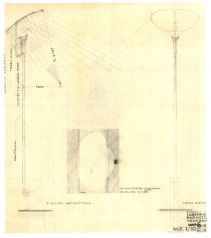

窓辺のペンダントランプ

　アアルトは、内部と外部の環境差を緩和するために窓辺に中間領域を設け、そこに緑や彫刻などを置くことで、内と外を緩やかにつなぐ設計を好んで行っており、その中間領域にペンダントランプが吊られていることも多い。その灯りは、夕暮れ時の屋外の明るさと屋内の暗さを、あるいは夜の屋外の暗さと屋内の明るさを結びつけるとともに、窓辺を豊かに演出するものとして機能している。また、建物を美しく、温かく見せる効果もある。

　一方、外からの光を浴びて輝く器具のフォルムも美しい。特に、日没前の黄昏時は格別だ。陰りゆく光の変化と輝く照明、そしてそれが照らしだす窓辺との調和がゆっくりと移り変わっていく様子を眺めていると、心豊かなひとときを過ごすことができる。

1. マイレア邸　居間の窓辺と「A330S ゴールデンベル」
2. ルイ・カレ邸　寝室の「A110 ハンドグレネード」
3-4. ルイ・カレ邸　寝室と窓辺の「A330 ペンダント」

暗さを楽しむ照明

　マイレア邸の1階、居間からミュージックルームに続く空間では、すべての構造体が天井裏に隠されており、松材の天井が水平に広がる流動的な空間が展開されている。

　エントランスから居間へ足を踏み入れると、天井に照明器具が設置されていないことに気づく。天井からの灯りのないほの暗い空間には、アアルトがデザインしたものも含め様々な照明器具がキャンドルの光を置くように要所要所に配されており、必要なところには十分な明るさが確保されている。

　また、その他の住宅でも、必要なところにのみ光が配されることが多く、ヘニングセンの部分照明を推奨する姿勢（p.22）と似通う。暗がりを否定することなく受け入れた上でその暗さを楽しむように設えられた空間には、外部空間との連続性も感じられ、ゆったりとした時間が流れている。

1. マイレア邸　居間の照明
2. ルイ・カレ邸　寝室
3. ムーラッツァロの実験住宅　寝室
4. アアルトハウス　食堂

Alvar Aalto

小さな灯りを束ねた照明

　アアルトの建築作品では複数本の柱を１本に束ねる独自の手法を見ることができるが、類似の手法が照明器具にも適用されている事例を紹介しよう。

　ヴォクセンニスカの教会（1955〜58年）の礼拝堂では、ルーバーの入った3本あるいは4本のシリンダーを一つに束ねたペンダントランプがデザインされた。同時期に設計されたルイ・カレ邸（1956〜59年）のエントランスホールでも、同様のペンダントランプが見られる。一方、セイナヨキの教会（1951〜60年）には、球形のエレメントの周りに五つの円筒形のシェードを配したペンダントランプが設置されている。この照明の形状は、若きアアルトがアントラの教会を改修した際にデザインした真鍮製のシャンデリア（p.92、図2）を思わせ、その発想の原点だったのかもしれない。

　大きな灯りではなく、あえて小さな灯りを束ねる手法には、人間的な灯りの単位やスケール感を大切にするアアルトの姿勢が感じられる。

1. ヴォクセンニスカ教会　3本シリンダーのペンダントランプ
2. 同　4本シリンダーのペンダントランプ
3. 同　礼拝堂
4. ルイ・カレ邸　エントランスホールのペンダントランプ
5. セイナヨキの教会　礼拝堂
6. 同　礼拝堂のペンダントランプ

ペンダントランプ群による空間の演出

　アアルトの建築作品では、小さなペンダントランプを空間全体に散りばめて配置する手法を用いた事例が見られる。大きな照明で室内全体を照らした場合には、全体で明るさが均質になり、陰影のない空間になってしまうのに対し、この手法によれば必要なところに配光することができるとともに、深みと陰影のある情緒的な空間を生み出すことができる。

　ユヴァスキュラ教育大学の講堂（1951〜59年）では、「フライングソーサー」（p.130）がランダムに設置されており、優雅でありながら目にも楽しい。一方、セイナヨキ市庁舎（1958〜65年）の講堂でも、シリンダー状の器具が高さに変化をつけながら吊られており、議場に荘厳さを醸し出しながらも、温かく親しみやすい雰囲気を与えている。

　このような手法は、ユハ・レイヴィスカのグッド・シェパード教会（p.230）をはじめとして北欧の現代建築にもしばしば用いられている。

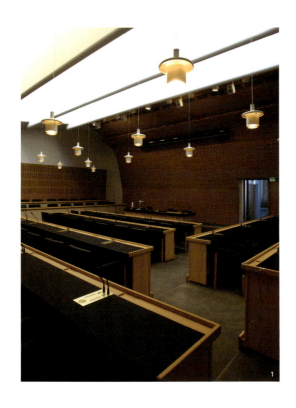

1. ヘルシンキ工科大学　本会議室
2. セイナヨキ市庁舎　議場
3. ユヴァスキュラ教育大学　講堂の天井

Kaare Klint

コーア・クリント
1888-1954

　デンマーク家具デザイン界の巨匠で建築家でもあるコーア・クリント。1888年、デンマーク東部、シェラン島の北東に位置するフレデリックスボルに生まれ、14歳の頃から家具職人として、父で建築家のP・V・イェンセン・クリントをはじめ、建築家のカール・ピーターセンや家具作家のヨハン・ローデのもとで学び、1922年に建築家として独立。1924年には王立芸術アカデミーに家具科を創設し、後に初代主任教授に就任している。

　「古代は我々よりもはるかにモダンである」という言葉を残しているクリントは、過去を否定して新しいものを志向する「モダニズム」が主流だった時代にありながら、過去の様式を見直し、それを時代の需要に見合うように再構成する「リ・デザイン」の思想を掲げた。また、実用的な寸法や機能に関して徹底した研究も行っており、数多くのデザイナーに多大なる影響を与えている。

　実作としても1914年の「フォーボーチェア」、1933年の「サファリチェア」をはじめとして、数々の名作を残している。照明器具としては、球形に織り上げられた紙のシェードが光源を包み込むペンダントランプ「モデル101」(1944年)が有名で、現在も続く老舗照明メーカーのレ・クリント社を代表する照明器具の一つである。

クリント家とレ・クリント社

　コーア・クリントの父P・V・イェンセン・クリントは、グルントヴィ教会 (1940年、コペンハーゲン、イェンセン没後はコーア・クリントが設計を引き継ぎ完成させた) の設計でも知られるデンマークを代表する建築家であった。紙をプリーツ状に折り上げたシェードがレ・クリント社の照明器具の大きな特徴だが、その起源は1901年に製作されたオイルランプのシェードにさかのぼる。船乗りの知人から聞いた日本の折り紙の話がその発想の原点であり、イェンセンの個人的な趣味としてつくられたと言われる。

その後、1943年、コーア・クリントの兄でビジネスマンであったターエ・クリントがレ・クリント社を創設したが、その前年にターエがデザインした「モデル1」は、コーア・クリントがデザインした「モデル101」とともに同社を代表する照明器具の一つだ。その後、コーア・クリントの「モデル306」（1945年）、コーア・クリントの息子エスベン・クリントの「モデル47」（1949年）などのプリーツ状の照明器具がデザインされ、会社の基盤が築かれた。

　1972年にはレ・クリント社の歴史と伝統を継承するために、ターエ・クリントの息子ヤン・クリントによってクリント財団が設立され、若いデザイナーの支援をはじめとする活動を行いつつ、現在も新たな照明を生み出し続けている。

1. P・V・イェンセン・クリント
2. 1901年に製作されたオイルランプのシェード（レ・クリント本社所蔵）
3. グルントヴィ教会（P・V・イェンセン・クリント設計、1940年）　外観
4. 同　内観
5. デザインミュージアム・デンマークのカフェ（コーア・クリント改修、1926年）に設置されているモデル101（コーア・クリント、1944年）
6. モデル1（ターエ・クリント、1941年）
7. モデル101のドローイング

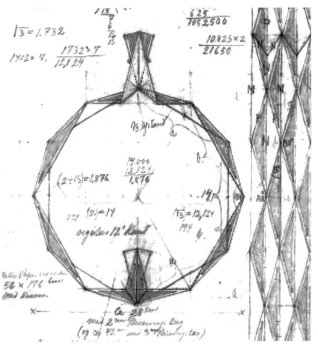

工房での職人による手作業

　レ・クリント社が本社を構えるデンマーク第三の都市オーデンセ。その工房では創設当初と変わることなく、現在でもプリーツ状の照明器具が手作業で製作されている。完成した照明器具の一つ一つには製作と担当した職人のサインが入れられており、クラフトマンシップが大切にされていることを感じさせる。

　2019年現在、職人は14名在籍している。その中には50年間勤続している女性職人もおり、伝統と技術が継承されている現場を目の当たりにすることができる。

1. 現在の工房の様子
2. かつての工房の様子
3-5. 現在の作業風景
6-9. かつての作業風景

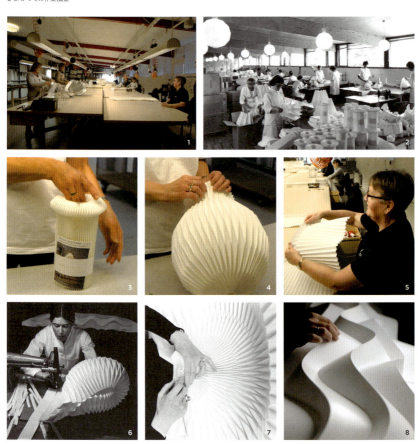

日本の提灯や行灯からの影響

　デンマークのデザインは、建築や家具をはじめとして日本の影響を多分に受けていると言われ、照明についてもその影響が指摘されている。

　デンマークでは和紙を用いた日本の提灯や行灯などがもてはやされ、1937年にはコペンハーゲンのベツレヘム教会にコーア・クリントが日本の提灯を展示した記録が残っている。また、コーア・クリントやその息子エスベン・クリントは、紙を折り上げたシェードを用いて日本的な提灯（1943年）や球状の照明器具（1949年）などを多数製作している。「折り」の使用とその繊細な幾何学性、「紙」の使用とそれを透過することにより生み出される柔らかな光、西洋には見られない独特の「フォルム」といった点に日本からの影響を見ることができるだろう。

1. コーア・クリントによる提灯（1943年）
2. エスベン・クリントによる球状照明（1949年）
3. デザインミュージアム・デンマークに展示されているレ・クリント社初期の照明　手前の3点、左からモデル102（トゥーヴェ＆エドヴァード・キント・ラーセン、1954年）、モデル105（モーエンス・コック、1945年）、モデル101（コーア・クリント、1942年）
4. ベツレヘム教会に展示された提灯（1937年）

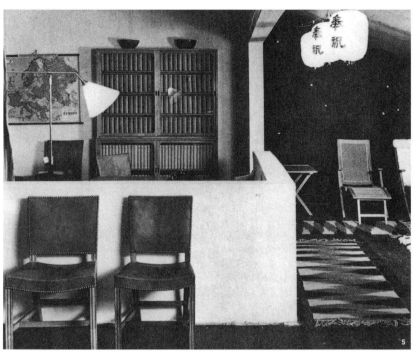

日本の提灯や行灯には和紙が使用されているが、当初レ・クリント社では西洋紙を用いていた。その後、1970年頃よりプラスチック・ペーパーを使用するようになり、今でも主材料としている。なお、近年は原点回帰のコンセプトを掲げ、西洋紙を使用した新たな照明器具のデザイン・製作にも着手されている。

　和紙、西洋紙、プラスチック・ペーパーでは繊維の状態が異なるため、使用素材に応じて透過光の状態にも違いが現れる。和紙は繊維が荒く不均一で、その透過光はぼんやりした光となり、折り目も曖昧になるのに対して、繊維の密度が高く均一なプラスチック・ペーパーでは折り目が明確に照らし出され、シェードの幾何学的な形態もくっきりと現れる。一方、西洋紙はその中間的な性質として位置づけられる。なお、レ・クリント社の工房では、プラスチック・ペーパーに予め切れ目が入れられ、その部分を折っては広げる作業を繰り返すことで、折り目をより明確に仕上げる工夫が施されている。

5. 家具キャビネット展のブース（1933年、デンマーク、ブースデザインはコーア・クリント）
6. ハンス・J・ウェグナー自邸に吊られた提灯
7. 和紙・西洋紙・プラスチェックペーパーの繊維と折り目の違い

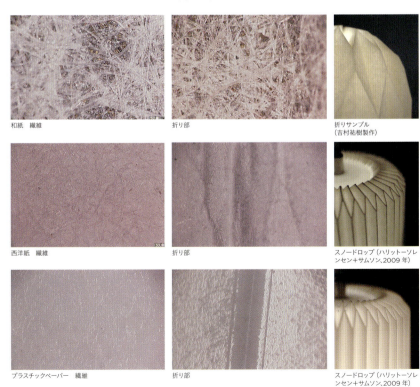

和紙　繊維／折り部／折りサンプル（吉村祐樹製作）

西洋紙　繊維／折り部／スノードロップ（ハリットーソレンセン+サムソン、2009年）

プラスチックペーパー　繊維／折り部／スノードロップ（ハリットーソレンセン+サムソン、2009年）

Vilhelm Lauritzen

ヴェルヘルム・ラウリッツェン
1894-1984

　デンマーク機能主義建築の先駆者と言われる建築家ヴィルヘルム・ラウリッツェンは、1894年、コペンハーゲンより南西約100kmの街スラゲルゼに生まれた。1921年にデンマーク王立アカデミーを卒業し、1928年に事務所を設立。バウハウスをはじめとする機能主義の思想に影響を受け、生涯を通じて「建築は応用芸術である」という考えを実践した。代表作としては、ノーレブロ劇場（1932年）、コペンハーゲン空港のターミナル39（1939年）、ラジオハウス（1945年、現：デンマーク王立音楽アカデミー）が挙げられる。

　建物の設計をする際に、トータルデザインとして家具や時計などとともに照明器具も数多くデザインしており、ラジオハウスのためにデザインしたペンダントランプ、テーブルランプ、フロアランプなどはルイスポールセン社より製品化されている。なかでも、ペンダントランプは発売当初から様々な場所で使用されており、広く愛されている。

ラジオハウスの照明

　1945 年に完成したラジオハウス（小スタジオを含むオフィス棟は 1941 年竣工）は、デンマーク放送局として設計された建物であり、同国内では名建築の一つとして数えられている（2009 年よりデンマーク王立音楽学校が使用）。セラミックタイルが張られた外観は幾何学的で、透明感あふれる機能主義的な建築だが、内部で随所に見られる人間的で温かみのある素材や形の扱い方にラウリッツェンの特徴が感じられる。

　このラジオハウスでは多数の照明器具がデザインされたが、ドローイングからは機能的に光をコントロールしようとする姿勢や独特のフォルムを生み出す過程などが読み取れる。なかでもコンサートホールの照明計画には目を見張るものがある。天井面で器具を見せたくないという意図から、天井には開口だけがあり、少し奥まった部分に設置された光源と反射板により開口に向けて照射するという仕掛けが施されており、いくつかのパターンが検討されている。

1. 外観
2. 廊下とペンダントランプ
3. スタジオ入口のクロークとブラケットランプ
4. 階段室とブラケットランプ

5. 食堂とペンダントランプ
6. 外灯
7. 音楽ホール入口キャノピー　外観
8. 同　照明
9. 学校入口キャノピー　外観
10. 同　照明
11. スタジオ　内観
12. 同　照明
13. 学校入口キャノピーの照明　ドローイング
14. 音楽ホール入口キャノピーの照明　ドローイング
15. スタジオ横の待合コーナーと照明　ドローイング
16. スタジオの照明　図面
17. VL45 ラジオハウス ペンダント
18. VL38 テーブル

19. コンサートホール　外観
20. 同　照明計画のドローイング
21. 同　内観

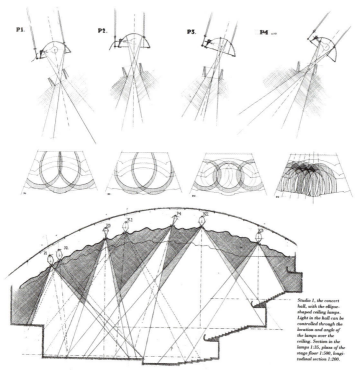

Studio 1, the concert hall, with the ellipse-shaped ceiling lamps. Light in the hall can be controlled through the location and angle of the lamps over the ceiling. Section in the lamps 1:35, plans of the stage floor 1:500, longitudinal section 1:200.

Arne Emil Jacobsen

アルネ・ヤコブセン
1902-1971

　「エッグチェア」や「セブンチェア」をはじめとする椅子のデザイナーとして著名なヤコブセン。1902年コペンハーゲンに生まれ、1927年にデンマーク王立アカデミーを卒業、1929年にコペンハーゲン近郊のヘレルプに自身の事務所を開設した。集合住宅、学校、市庁舎、ホテル、銀行など数多くの建物を設計しており、デンマークの近代建築を推進した重要な建築家でもある。さらには、椅子や建築以外にも照明器具、タペストリー、カトラリー、時計など様々な日用品のデザインで数々の功績を残している。
　斬新で革新的な椅子のデザインと同様、彼の類い稀な才能は照明器具においても発揮されている。トータルデザインとして建築とともにデザインされた照明の中からは、「ムンケゴーランプ」「AJロイヤル」「AJフロア」などの名称でルイスポールセン社から数多くの器具が製品化、販売されている。一方、製品化はされていないが、オーフス市庁舎(1941年)やロドオウア市庁舎(1956年)などでも優れた照明器具や照明方法を見ることができる。

オーフス市庁舎の照明

　建築家エリック・メラーとの共同設計によるヤコブセンの初期の名作、オーフス市庁舎（1941年）では数多くの照明器具がデザインされた。

　エントランスホールには、有機的な形をした真鍮製のペンダントランプやウォールランプが見られる。

　一方、エントランスホールに隣接する多目的ホールでは、四層吹抜けの天井から吊り下げられた六角形断面の行灯状の照明器具が目をひく。その存在感のある造形は非常に美しく、広がる大空間のアクセントにもなっている。

　また議場では、軽やかなシェードが載せられたペンダントランプが机の配置に合わせて円弧状に設置されている。器具のコードの垂らし方までもがうまくデザインされており、空間に豊かさや優雅さが付加されている。議員控え室のペンダントランプも興味深い。

　なお、この時期には、のちに家具デザイナーとして名を馳せることになる若きハンス・J・ウェグナー（p.198）が事務所で勤務しており、この市庁舎のインテリアを担当していた。

1. エントランスホール　エレベーターと照明
2. 同　真鍮製のブラケットランプ
3. 同　真鍮製のペンダントランプ
4. 同　内観

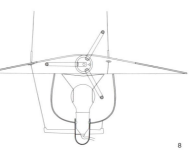

5. 多目的ホール　大空間に設置された行灯状のペンダントランプ
6. 議場　円弧状に設置されたペンダントランプ
7. 議場のペンダントランプ　写真
8. 同　断面図［30］
9. 議場　手前に真鍮製のテーブルランプ
10. 議員控え室のペンダントランプ
11. 議員控え室

SAS ロイヤルホテルの照明

　建設当時、コペンハーゲンの伝統的な街並みに近代的な高層ビルを建てることで大きな議論を巻き起こした SAS ロイヤルホテル (1960 年)。到着ホールやスカンジナビア航空のサービスカウンター、レストランなどが入る低層棟の上に高層の客室棟がそびえるスマートな外観は、今なお圧倒的な存在感を放っている。その建築設計に加えて、照明器具やタペストリー、さらにはカトラリーや時計といった日用品に至るまで、ホテル内のすべてのものがヤコブセンによってトータルにデザインされている。

　スイートルームには、シーリングランプ、フロアランプに加え、腰壁に当時としては先駆的だった可動式の読書灯が設置されている。

　現在のホテルは当初と状況が変わっているところ多々あるが、かつての写真によるとその他にも興味深い照明デザインが数多く見られる

1. スイートルーム 606 号室のシーリングランプ　立面・断面図 [31]
2. スイートルーム 606 号室の読書灯　立面図 [31]
3. 同　写真
4. スイートルーム 606 号室　ドロップチェアと読書灯
5. 同　シーリングランプと左奥にフロアランプ

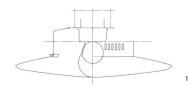
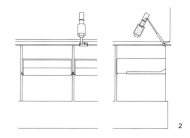

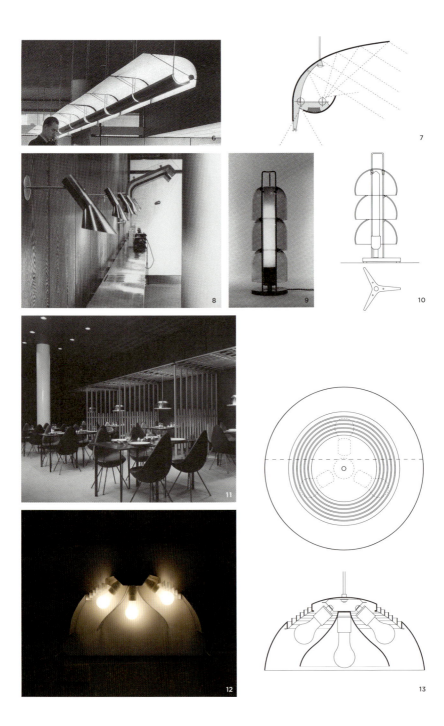

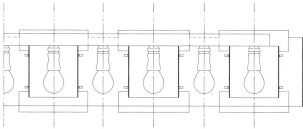

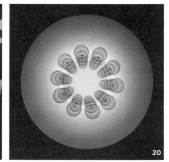

6. スカンジナビア航空サービスカウンターの照明　写真
7. 同　断面図　2本の蛍光灯を2枚の真鍮製シェードで覆う構成［31］
8. 「AJウォール」が設置された公衆電話コーナー
9. レストランのテーブルに設置された「ベルランプ」
10. ベルランプ　断面図
　　1本の蛍光灯の周囲に三つのガラスシェードを積み上げた構成［31］
11. 「AJロイヤル」が設置されたスナックバー
12. AJロイヤル　断面模型（九州産業大学小泉研究室製作）
13. 同　平面・断面図［31］
14. レセプションのカウンターと上部の照明
15. レセプション上部の照明　写真
16. 同　断面図　ユニットを鎖のように連結させた構成［31］
17. バー・オーキッド
18. バー・オーキッドの照明
19. グラスを用いた照明が設置されたレストラン
20. グラスを用いた照明

ムンケゴーランプ

　コペンハーゲン近郊、ディッセゴーの緑豊かで閑静な住宅地にあるムンケゴー小学校（1957年）では、「ムンケゴーランプ」と呼ばれる埋込式のシーリングランプがデザインされた。周囲との対比が強調されがちな一般的な埋込式のシーリングランプに対して、ムンケゴーランプでは天井面に沿うように光が広がり、照明周辺との急激な光の対比が抑えられており、その印象は柔らかく、当時としては画期的な照明器具であった。

　後に設計されたロドオウア図書館（1969年）の閲覧室でも、サイズを大きくした同様の器具が使用されている。

1. ムンケゴー小学校　エントランスとムンケゴーランプ
2. ロドオウア図書館　閲覧室のシーリングランプ
3. ムンケゴーランプ　写真
4. 同　断面図［O］
5. ムンケゴー小学校　教室の前室とムンケゴーランプ
6. 同　廊下のムンケゴーランプ

Arne Emil Jacobsen

ロドオウア市庁舎の議場の照明

　ガラスのカーテンウォールによるシンプルな外観が近代的なロドオウア市庁舎（1956年）。その議場上部に見られる天井を照らす照明群のデザインも非常に近代的だ。円筒状の小型の照明が線材に規則的に配置された軽やかなデザインは、60年以上前のものに思えないほど洗練されており、ヤコブセンの卓越したセンスを感じさせる。

　なお、同様のデザインは、ヤコブセンの遺作であるデンマーク国立銀行（1971年）の営業室にも見ることができ、植物が配されたガラスケースとともに空間を演出している。

1. ロドオウア市庁舎　議場　パース
2. 同　議場の照明器具
3. デンマーク国立銀行　営業室
4. ロドオウア市庁舎　議場と天井を照らす照明群

Finn Juhl

フィン・ユール
1912-1989

　有機的な曲線で構成される独創的な形態と繊細なディテールが織りなす優美な家具を数多く生み出し、その彫刻的な造形から「家具の彫刻家」とも称されるフィン・ユール。1912年にコペンハーゲンに生まれ、1934年にデンマーク王立芸術アカデミーを卒業、1935年よりヴィルヘルム・ラウリッツェンの事務所に勤務し、ラジオハウス（1945年）の設計にも携わった。その後、1945年に事務所を設立。自邸（1942年竣工、1968年改修）をはじめとする建築作品のほか、「ペリカンチェア」（1940年）、「チーフティンチェア」（1949年）など数々の名作椅子を残している。
　照明器具としては、ニューヨークの国際連合本部ビルの信託統治理事会会議場のインテリア設計を手がけた際にデザインされた照明や、ライファ社から製品化された二重シェードのテーブルランプとペンダントランプが挙げられる。

1

国際連合本部ビル信託統治理事会会議場のブラケットランプ

　建築家として活動していたフィン・ユールが家具デザイナーとしてのキャリアをスタートさせたのは1937年、家具職人のニールス・ヴォッダーと協働で家具職人ギルド展示会に初出品したことにさかのぼる。その後、1940年のペリカンチェアをはじめとして後に名作と言われることになる数々の家具を生み出していた彼の名を世界的に知らしめたのが、ニューヨークの国際連合本部ビルにおける信託統治理事会会議場のインテリア設計(1950〜52年)である。

　その会議場ではカーペットやカーテン、家具、時計に至るまですべての内装を手がけており、照明器具としては大小1対の真鍮製のシェードで構成されるブラケットランプをデザインしている。大きさの異なる上下それぞれのシェードの縁は緩やかに波打つ形にカットされており、その有機的な形態には「家具の彫刻家」と形容される彼の作風に通じるものが感じられる。

1. 会議場のブラケットランプ　写真
2. 同　立面・断面図
3. 会議場

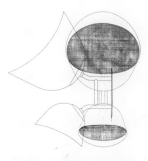

二重シェードの照明器具

　フィン・ユールは、1963年に可動する二重構造のシェードで構成される照明器具をデザインし、アメリカの照明メーカーに提案しているが、製品化には至らなかった。しかしながら、そのアイデアがもとになり、同年、デンマークの照明メーカーのライファ社からテーブルランプとペンダントランプが発売された。

　下部シェードを回転させることで光の向きを変えることができる機能的なデザインに加え、見た目はシンプルで美しく、愛らしい。自邸（p.196）のベッドサイドにも置かれており、彼自身も気に入っていた作品の一つだったことがうかがえる。

1. ライファ社で製品化されたテーブルランプとペンダントランプの図面
2. アメリカの照明メーカーに提案した照明器具の図面
3. 自邸のベッドサイドに置かれたデスクランプ

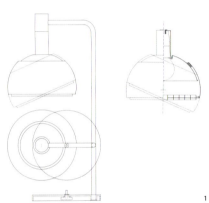

1

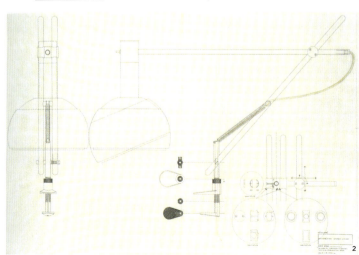

2

自邸の照明コレクション

　1942年、コペンハーゲン郊外のクランペンボーにフィン・ユールが30歳のときに設計し建てた自邸。現在は隣接するオードロップゴー美術館の一部として一般公開されており、フィン・ユールがデザインした家具や照明器具とともに、彼が愛した芸術作品や日用品が当時のまま残されている。

　そこにはポール・ヘニングセンがデザインした「PH コントラスト」(p.76) や、ヴィルヘルム・ラウリッツェンによるテーブルランプ、外灯のほか、「VL45 ラジオハウス ペンダント」(p.169) も見られる。フィン・ユールはラウリッツェン事務所勤務時代にラジオハウスの設計に関わっていたこともあり、愛着もあったのだろう。自身の作品展示会でも「ラジオハウス ペンダント」を頻繁に使用していたそうだ。

1. 外観
2. ヴィルヘルム・ラウリッツェンによるウォールランプ
3. ダイニングルームの照明
4. 居間の読書灯
5. ヴィルヘルム・ラウリッツェンによる外灯
6. ヴィルヘルム・ラウリッツェンによる「VL45 ラジオハウス ペンダント」
7. ヴィルヘルム・ラウリッツェンとフリッツ・シュレーゲルによるフロアランプ
8. 主寝室とポール・ヘニングセンによる「PH コントラスト」

Hans Jørgensen Wegner

ハンス・J・ウェグナー
1914-2007

　生涯で500種類以上に及ぶ椅子をデザインしたという世界的な家具デザイナーであるハンス・J・ウェグナーは、1914年、靴職人の息子として、デンマークとドイツの国境の街トゥナーに生まれた。家具職人H・F・スタルベアーグのもとで13歳から修行し、17歳で家具職人の資格を取得。その後、20歳でコペンハーゲンに移り、1936年から1938年までコペンハーゲン美術工芸学校で家具設計について学び、卒業後デザイナーとしての活動を開始している。1940年にはアルネ・ヤコブセンとエリック・メラーが設計を担当していたオーフス市庁舎のプロジェクトに参加しており、家具や照明などのデザインにも関わった。

　「ザ・チェア」(1949年)、「Yチェア」(1950年)、「ウィングチェア」(1960年)、「シェルチェア」(1963年) など数多くの代表作を挙げることができるが、なかでも中国の明朝時代の椅子に着想を得たとされる「チャイニーズチェア」(1943年) はリ・デザインの好例として知られている。

　椅子以外には様々な日用品などもデザインしているが、照明器具に関しては、自邸やホテルスカンジナビアのためにデザインし製品化されたものや、コンペティションを経て製作された街路灯などがある。

ザ・ペンダントとオパーラ

　1962年に自邸のためにデザインしたペンダントランプは、のちにルイスポールセン社から製品化され、「ザ・ペンダント」と名づけられた。この照明には、コードリールによって器具の高さを調整できたり、電球位置を上下に移動させることで光の広がりを調節できるといった機能面でのデザインも施されている。「椅子は人が座るまでは椅子でない」という名言を残すウェグナーだが、椅子と同じく、照明のデザインにおいても美しさとともに使う人のことに配慮する彼の姿勢がうかがえる。

　また1970年代半ばには、コペンハーゲンのホテルスカンジナビアのために数種の照明器具をデザインしている。最終的にそれらの案は採用されなかったが、ルイスポールセン社から「オパーラ」という名称で製品化されている。円錐形の乳白色のアクリル製シェードとアルミ製のトップシェードによる無駄のない構成は、実にモダンだ。フロアランプとテーブルランプではシェードが斜めにカットされており、その絶妙なバランスとデザイン感覚も素晴らしい。

　なお、「ザ・ペンダント」と「オパーラ」はともに80年代に販売が中止されていたが、近年パンダル社から復刻、販売されている。

1. フロアランプおよびテーブルランプ仕様の「オパーラ」(1970年代半ば)
2. ペンダントランプ仕様の「オパーラ」(1970年代半ば)
3. JH604 ザ・ペンダント (1962年) 写真
4. 同　断面模型 (九州産業大学小泉隆研究室製作)
5. 同　断面図
6. ウェグナー自邸に設置された「ザ・ペンダント」

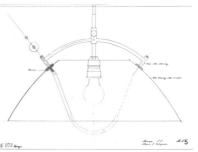

初期のドローイングに見る照明デザイン

　コペンハーゲン美術工芸学校に通っていたウェグナーは、学生でありつつも数々のコンペティションに出品しており、受賞経験もあった。その中では、椅子以外にも照明器具、壁紙、エンブレム、ガソリンスタンド、カトラリーなど多種多様なものを手がけており、そのドローイングも残されている。

　そのうちの一つに、材料の詳細は不明だが、日本の提灯を思わせる形状にデザインされた照明器具を見ることができる。ランプを吊るためのフレームも興味深い形をしている。一方、デザイナーとして活動を開始した時期にデザインされた設計競技案では、有機的な形のシェードで構成されるテーブルランプも見られ、いろいろと模索していた若きウェグナーの姿をうかがい知ることができる。

1. コペンハーゲン美術工芸学校在学中にデザインした照明器具のドローイング
2. コンペティションに出品したテーブルランプのデザイン案

ウェグナーと名づけられた街路灯

　1976年、ウェグナーは、ルイスポールセン社が主催した街路灯のコンペティションに娘のマリアンヌと協働でデザイン案を出品し、勝利した。デザインに際しては、保全すべき建物に柔らかい光を投げかけるのみならず、できるだけ効率の良い光源を用いることも考えられていた。

　この街路灯は「ウェグナー」という名称で発売されており、今でもウェグナーの故郷であるトゥナーやデンマーク第二の都市オーフスなどの街なかで活躍している。日本では2002年に横浜の山下公園に設置されたが、残念ながら現在は他の器具に変わっており、その姿を見ることはできない。

1. オーフスの街にある街路灯
2. デザイン当時の街路灯とウェグナー
3. 山下公園の外灯（2013年）

Jørn Utzon

ヨーン・ウッツォン
1918-2008

　シドニー・オペラハウス（1973 年）の設計者として世界的にも有名な建築家ヨーン・ウッツォンは、1918 年、コペンハーゲンに生まれた。1942 年にデンマーク王立芸術アカデミーを卒業後、建築家のスティーン・アイラー・ラスムッセンに師事。1945 年には、1ヶ月ほどだがアルヴァ・アアルト事務所にも勤務している。1948 年にはフランス、モロッコ、1949 年にはアメリカ、メキシコ、日本、中国といった国々を訪問、帰国後 1950 年に事務所を設立した。

　シドニー・オペラハウスのほかに、キンゴーハウス（1960 年）、バウスヴェア教会（1976 年）、自邸であるキャン・フェリス（1995 年）などの代表作がある。建築家として著名なウッツォンだが、照明器具も多数デザインしており、そこでは彼の繊細な感覚を見出すことができる。

建築作品にも通じる照明器具のデザイン

　ウッツォンがデザインした照明器具で代表的なものとしては、「チボリ」(1947年)や「U336 ペンダント」(1957年)、オペラハウスの屋根の形状を連想させる「オペラ」と「コンサート」(2005年)が挙げられる。いずれも金属素材の複数枚のシェードの組み合わせで構成されており、シェードの隙間から漏れる優しい光が淡い陰影とともに柔らかな雰囲気を醸し出している。

　なかでも「コンサート」は、放物線により形づくられた4枚のシェードと光源からの直接光を遮る下面のランプカバーが中央のフロストガラス製のシリンダーを取り巻くように設置され、シリンダー内を透過拡散した光がシェードの内面に反射して外部に放たれるという、見た目はシンプルながらも複雑な仕組みで構成されている。シェードの反射を活かす光の扱いは、白い曲面天井に反射する間接光が内部を照らすバウスヴェア教会の礼拝堂を思わせる。

　父親が船舶の設計技術者だったウッツォンは、若い時期に造船技術に触れる機会があり、そこから得た曲線や曲面に対する感覚がオペラハウスなどに見られる建築表現に影響を及ぼしていると言われるが、その感覚は照明のデザインにも通じるものがあるように感じられる。

1. シドニー・オペラハウス (1973年)
2. バウスヴェア教会 (1976年)

3. ウッツォン JU1 (1947年)
4. チボリ (1947年) 写真
5. 同 断面模型 (九州産業大学小泉隆研究室製作)
6. コンサート (2005年) 写真
7. 同 断面模型 (九州産業大学小泉隆研究室製作)
8. U336 ペンダント (1957年)
9. オペラ (2005年)

Erik Gunnar Asplund

エリック・グンナール・アスプルンド
1885-1940

　北欧近代建築の黎明期に活動し、アルヴァ・アアルトら後進の建築家にも大きな影響を与え、北欧モダニズムの確立に大きな役割を果たした巨匠建築家エリック・グンナール・アスプルンド。1885年、ストックホルムに生まれ、1909年にスウェーデン王立工科大学を卒業。1910年に王立芸術大学に進学するも保守的な教育に馴染めず中退、仲間とともに私設学校クララ・スクールを設立し、ラグナール・エストベリ、カール・ヴェストマンらを教授陣に迎えて指導を受けた。1915年、ストックホルム南墓地の国際コンペティションにおいて、シーグルド・レヴェレンツとの共同設計による応募作が一等を獲得。その後、没するまで設計に携わり、死後の1940年に完成した森の墓地（森の火葬場）は彼の代表作となる（1994年にユネスコ世界遺産に登録）。その間、ストックホルム市立図書館（1928年）、ストックホルム万国博覧会会場（1930年）、イェーテボリ裁判所増築（1937年）などを手がけた。

　照明器具については、製品化されたものはないが、個々の建築作品において空間と調和する魅力的な照明器具をデザインしている。

イェーテボリ裁判所増築部の照明

　スウェーデン第二の都市イェーテボリにある裁判所。アスプルンドが 1934〜37 年に手がけたその増築部では、中庭とホールに挟まれたスペースに彼がデザインしたペンダントランプが設置されており、明るさをもたらすともにそのユニークな形態が空間に彩りを与えている。この照明器具は、アルネ・ヤコブセンが設計したスレロド市庁舎（1942 年）のウェディングルームにも設置されているが、それ以外の照明器具をすべてヤコブセンがデザインしているなか唯一その照明だけが例外として扱われており、アスプルンドへの敬意の表れとも言えるだろう。

　一方、法廷には、背面の大きな反射シェードが個性的なブラケットランプがデザインされている。また、別の法廷ではリング状の線材にペンダントランプが配された照明が見られ、部屋に応じてバラエティに富んだデザインが施されている。

1. 中庭とホールに挟まれたスペースに設置されたペンダントランプ
2. 法廷
3. 法廷のブラケットランプ
4. 法廷のペンダントランプ

ストックホルム市立図書館の照明

　1928 年に建設された、ストックホルム市内の小高い場所にそびえ立つ新古典主義様式の図書館。緩やかな外部スロープからエントランスを抜け、導かれるままに階段を上がると、直径 28m、天井高さ約 25m のシリンダー状のロトンダ（円形の大広間）が広がる。そこは全周を書棚に囲まれた開架閲覧室で、この図書館の中心となる場所だ。

　凹凸のあるスタッコで仕上げられた内壁の下部には照明器具が埋め込まれ、その光が壁伝いに立ちのぼる。一方、中央には大きな半球状のペンダントランプが存在感を放ち、ロトンダの求心性を強調している。上部を取り巻くハイサイドライトからは柔らかい自然光が射し込み、自然光と人工照明が調和した空間が実現されている。

　また、エントランスまわりには、有機的な独特の形にデザインされたブラケットランプが配されており、柔らかな光を暗がりに浮かび上がらせている。

1. 開架閲覧室　内壁の間接照明と中央のペンダントランプ
2-3. エントランスのブラケットランプ
4-5. エントランス横の階段に設置されたブラケットランプ

Erik Gunnar Asplund

森の火葬場の照明

　アスプルンドが生涯にわたり設計に携わり、遺作となった森の火葬場。死者の魂に祈りを捧げる「諸聖人の日」と呼ばれる祝日（10月31日から11月6日の間の土曜日）には、中礼拝堂と大礼拝堂においてローソクを供える儀礼が執り行われる。その堂内ではローソクの灯りと人工照明の明かりが見事に調和しており、ローソクの灯りを邪魔することなくサポートするような優しい光を放つ照明器具からは、儀礼時のことも十分に考慮した上で慎重にデザインされていたことがうかがえる。

　北欧建築の特質の一つとして謙虚さが挙げられることがあるが、この両室の照明器具にも調和を重視する謙虚さを保ちつつ存在感のあるデザインが施されている。

1-3. 諸聖人の日の儀礼が行われる中礼拝堂
4. 中礼拝堂
5. 大礼拝堂
6. 諸聖人の日の儀礼が行われる大礼拝堂

Erik Bryggman

エリック・ブリュッグマン
1891-1955

　アルヴァ・アアルトの最大のライバル的存在とも言われたフィンランドの建築家エリック・ブリュッグマン。1891年、フィンランド南西部の街トゥルクに生まれ、1916年にヘルシンキ工科大学を卒業。ヘルシンキでいくつかの設計事務所に勤務した後、1923年にトゥルクに事務所を開設し、活動を開始。アアルトがトゥルクに事務所を構えていた時期には共同で設計を行っており、トゥルク700年祭の展示会場（1929年）はその一つである。
　代表作に挙げられるトゥルクの復活礼拝堂（1941年）は、北欧のロマンティシズムがこの上なく表現された名作で、フィンランドで最も美しい建築とも言われており、美しい自然光が降り注ぐ日中はもちろんのこと、照明が灯される時間帯の荘厳ながらも温かみのある雰囲気も素晴らしい。
　照明器具については、製品化されたものはないが、個々の建築作品において空間と調和する魅力的な照明器具をデザインしている。

復活礼拝堂の照明

　トゥルク郊外の市民墓地、松林の中にたたずむ復活礼拝堂。あたりが暗がりに包まれるなか、白を基調とした礼拝堂内部には温かみのある明かりが広がる。

　この礼拝堂では、主として次の四つのタイプの照明器具がデザインされている。一つ目は、座席上部、天井からのびやかに吊り下げられたペンダントランプ。真鍮を主素材とし、3枚羽根のプロペラのような有機的な形が特徴的だ。二つ目は、エントランスまわりの真鍮製の円形シーリングランプ。天井のくぼみと一体的にデザインされており、器具の外周から反射光を放ちつつ、器具自体にパンチングされた穴から漏れる光が美しい。

　一方、天井の低い側廊部には、パンチングの穴が穿たれていない点に違いがあるが、エントランスと同様に天井のくぼみに円形の器具が設置されている。ここでは、シェードを支えるアームが重要なデザイン要素になっている。そして四つ目がオパールガラス製のブラケットランプで、礼拝堂の後方部および礼拝堂と霊安室間の通路に設置されている。

　ペンダントランプとブラケットランプに関しては、イェーテボリ裁判所 (p.210) やストックホルム市立図書館 (p.212) に見られる照明と類似点が認められ、アスプルンドからの影響を垣間見ることができる。

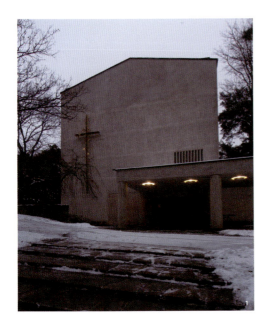

1. 薄暗がりに包まれる外観とキャノピーの照明
2. エントランスと円形のシーリングランプ

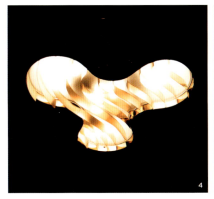

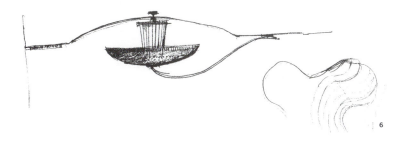

3. 礼拝堂
4. 礼拝堂のペンダントランプ
5. 礼拝堂側廊部のシーリングランプ　写真
6. 同　スケッチ
7. 礼拝堂後方部とブラケットランプ
8. 礼拝堂と霊安室間の通路とブラケットランプ

Juha Ilmari Leiviskä

ユハ・レイヴィスカ
1936-

　アルヴァ・アアルトの流れを引き継ぐ現代フィンランドを代表する建築家ユハ・レイヴィスカ。1936年、ヘルシンキに生まれ、1963年にヘルシンキ工科大学卒業後、1964年に事務所を設立。建築を「音楽を奏でる光のための楽器」と形容するレイヴィスカは、計算された採光設計と繊細な照明デザインにより旋律を奏でるような流麗な光の空間を生み出し、ピアニストでもあることから「光と音の建築家」とも称されている。代表作としては、ミュールマキ教会(1984年)、ヴァッリラ図書館(1991年)、マンニスト教会(1992年)、在ヘルシンキ・ドイツ大使館(1993年)、グッド・シェパード教会(2004年)などが挙げられる。

　照明器具に関しては、建築のプロジェクトに応じてデザインを手がけており、アルテック社から製品化されたものもある。

浮遊する照明器具

　自然光と人工光は、それぞれが異なり、独立しているものでありながら、相互に補完しあい調和することが大切だと語るレイヴィスカ。自然光に満たされた空間にはランダムに吊り下げられた照明が軽やかに浮遊し、空間にリズムをもたらしている。自然光と人工光の調和が空間に生気を与え、この上なく美しい瞬間が移ろいゆく。

　レイヴィスカが照明デザインに着手したのは、1959年の自身のプロジェクトにさかのぼる。作風としては、建築作品に呼応するかのように面状の要素で構成されるものが多く、建築の一要素として照明を取り扱う彼の姿勢がうかがえる。

　照明デザインに関しては、レイヴィスカ自身、ポール・ヘニングセンとアルヴァ・アアルトからの影響を認めている。ヘニングセンの照明との類似点としては複数枚のシェードにより構成される点が挙げられるが、レイヴィスカのシェードはより薄く繊細にデザインされており、水平性が強調されている点で異なる。また、ヘニングセンの照明の大半が上方に光を放たないのに対して、レイヴィスカの照明では意図的に上方へ光を放つデザインが施されたものが見られる。さらに、シェードをつなぎとめる金物が、構造的な役割に加え、シェードの水平性と対比的に組み合わせることで重要な造形要素としても扱われている点にも彼の独自性を見ることができる。

1. 聖トーマス教会の照明
2. グッド・シェパード教会の照明

3. ミュールマキ教会の照明
4. JL78 ペンダント (1991年)
5. JL2P テーブル (1997年)
6. JL341 ペンダント (1969年)
7. JL340 ペンダント (1968年)
8. ペンダントランプのスタディ・ドローイング
9. 1959-88年の間にデザインされたランプの変遷を示すドローイング
10. グッド・シェパード教会の照明

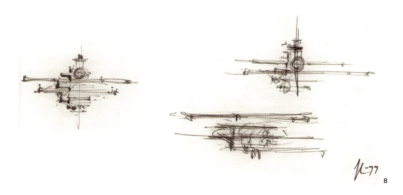

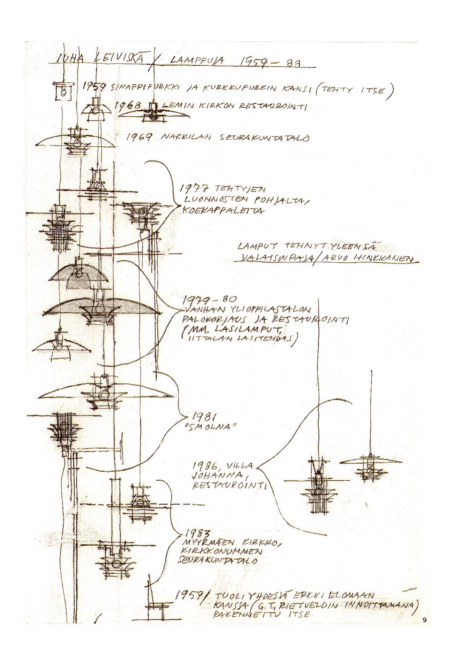

写真および図版クレジット
photo and figure credit

・図版が連番の場合は、初出ページ数のみを記している。
・出典元が不明確で複数候補がある場合、重複するが複数記している。

■ポール・ヘニングセン
- 小泉隆：p.11-fig.3, p.14-fig.1&2, p.16-fig.1〜5, p.31-fig.17, p.46-fig.5, p.51-fig.15&16, p.58-fig.1〜4, p.69-fig.12&13, p.72-fig.2&4, p.74-fig.1&2&5, p.76-fig.3&4, p.78-fig.3〜5, p.80-fig.6&10, p.83-fig.4, p.84-fig.1〜4, p.88-fig.1〜3
- 宮本和義：p.23-fig.13, p.54-fig.25
- Jospen Høm：p.80-fig.8, p.83-fig.3&5
- Politikens Pressefoto：p.44-fig.10
- Norcisk Pressefoto：p.60-fig.5, p.68-fig.10
- Wolfgang Thöener：p.23-fig.12&14
- The Museum Centre of Turku, Oy Foto Ab：p.54-fig.27
- Museum of Finnish Architecture：p.54-fig.28&29&31
- Kira Brandt：p.14-fig.3〜5&6&8
- Mads Mogensen：p.55-fig.30&32
- Det Kgl. Biblioteks Billedsamling：p.11-fig.5, p.12-fig.8, p.44-fig.10
- Aage Strüwing：p.30-fig.14
- Udo Kowalski：p.76-fig.1&2
- Kunstindustrimuseet：p.27-fig.7, p.32-fig.21, p.37-fig.10〜12
- Kunstakademis Biliotek：p.15-fig.7, p.25-fig.4, p.27-fig.7&8, p.28-fig.9&10, p.29-fig.11, p.32-fig.20&22&24, p.36-fig.9, p.37-fig.10〜12, p.38-fig.15&16, p.43-fig.9
- Det Danske Filmmuseum：p.12-fig.6
- Gyldendal Billedbiblioteket：p.10-fig.1, p.12-fig.7
- Bent Ryberg：p.11-fig.4, p.25-fig.2, p.26-fig.6, p.33-fig.23&25, p.34-fig.1&2, p.40-fig.2, p.42-fig.5, p.48-fig.9, p.50-fig.1〜9, p.51-fig.11〜14, p.52-fig.19, p.53-fig.24, p.60-fig.1〜3&7, p.64-fig.4&6, p.83-fig.3
- NYT（号および発行年）：p.11-fig.2/p.56-fig.1 (no.1, 1941), p.13-fig.10&12 (no.273, 1964), p.54-fig.26/p.61-fig.6 (no.9, 1942), p.56-fig.2/p.77-fig.6/p.87-fig.5 (no.300, 1966), p.46-fig.4 (no.567, 2000), p.66-fig.7 (no.284, 1965)
- 文献［01］：p.13-fig.11, p.35-fig.3&4, p.51-fig.17, p.67-fig.9, p.68-fig.11
- 文献［06］：p.21-fig.9, p.22-fig.10&11
- 文献［11］：p.13-fig.9
- 文献［29］：p.61-fig.8
- レ・クリント／Le Klint：p.73-fig.5&6
- ルイスポールセン／Louis Poulsen：その他すべて

■アルヴァ・アアルト
- Alvar Aalto Museum（該当箇所）：p.91, p.96-fig.5, p.98-fig.1, p.106-fig.1&2&4, p.108-fig.1&2&3（左二人）, p.110-fig.4, p.120-fig.2, p.129-fig.9, p.130-fig.1, p.132-fig.2, p.134-fig.6, p.136-fig.1〜4&8, p.143-fig.6
- Alvar Aalto Museum, Gustaf Welin（撮影者）：p.96-fig.2〜4&6 (1928), p.101-fig.16&17 (1928)
- Alvar Aalto Museum, Maija Holma（撮影者）：p.114-fig.4 (2011)
- アルテック／Artek（該当箇所）：p.109-fig.3（右二人）, p.114-fig.3（左）, p.126-fig.1
- 文献［24］：p.111-fig.5
- 文献［23 (vol.3)］：p.138-fig.4
- 小泉隆：その他すべて

■コーア・クリント
- 文献［27］：p.155, p.156-fig.1&6&7, p.158-fig.2, 6〜9
- 文献［30］：p.160-fig.1&2&4
- 文献［36］：p.162-fig.5&6
- 小泉隆：その他すべて

■ヴィルヘルム・ラウリッツェン
- ルイスポールセン／Louis Poulsen：p.165, p.169-fig.17&18
- 文献［29］：p.169-fig.13〜16, p.170-fig.20&21
- 小泉隆：その他すべて

■アルネ・ヤコブセン
- ルイスポールセン／Louis Poulsen：p.173
- Aage Strüwing：p.184-Fig.6&8&9&11&14&15&17&19&20
- Dansk Møbelkunst Gallery：p.184-Fig.18
- 文献［30］：p.188-fig.1
- Denmarks Nationalbank：p.188-fig.3
- 小泉隆：その他すべて

■フィン・ユール
- パンダル／Pandul：p.191
- 文献［33］：p.192-fig.1, p.194-fig.2
- 文献［34］：p.193-fig.2, p.194-fig.1
- Designmuseum Danmark：p.193-fig.3
- 小泉隆：その他すべて

■ハンス・J・ウェグナー
- パンダル／Pandul：p.199, p.200-fig.2
- ルイスポールセン／Louis Poulsen：p.203-fig.3
- 小泉隆：p.201-fig.4, p.203-fig.1
- 文献［36］：その他すべて

■ヨーン・ウッツォン
- アルテック／Artek：p.205, p.207-fig.8
- 折尾賢：p.206-fig.1
- アンド・トラディション／&Tradition：p.207-fig.3
- ライトイヤーズ／Lightyears：p.207-fig.9
- 小泉隆：その他すべて

■エリック・グンナール・アスプルンド
- ArkDes, Ferdinand Flodin：p.209
- ArkDes, Vagn Guldbrandsen：p.211-fig.2&3
- Jaan Tomasson：p.213-fig.4
- 遠藤香織：p.214-fig.1〜3, p.216-Fig.6
- 小泉隆：その他すべて

■エリック・ブリュッグマン
- Åbo Akademi（撮影年）：p.219 (1929)
- 文献［40］：p.223-fig.6
- 小泉隆：その他すべて

■ユハ・レイヴィスカ
- アルテック／Artek：p.225, p.228-fig.4〜7
- 文献［42］：p.228-fig.8&9
- 小泉隆：その他すべて

掲載図版の内、資料の所蔵者または著作権者が本書の発行時点で判明しなかったもの、連絡が取れなかったものが一部ございます。情報をお持ちの方は、発行元までご連絡いただけると幸いです。
The publishing office has made every possible effort in contacting the copyright holders. If the proper authorization has not been granted or the correct credit has not been given, we would ask copyright holders to inform us.

資料編　Appendix

年表
Chronology

年	▼照明関連の動向と主要作品	▼ポール・ヘニングセン	▼アルヴァ・アアルト
	1878 白熱電球の発明		
1900		1894 ヘニングセン誕生	1898 アアルト誕生
1910			
1920		1919 ガスマン邸の照明	
	1921 ランペ・グラ 　　（ベルナール＝アルバン・グラ） 1924 シュレーダー邸の照明 　　（ヘリット・リートフェルト） 1925 デッサウのバウハウスの校長室の照明 　　（ワルター・グロピウス） 1926 蛍光灯の発明 1927 チューブライト（アイリーン・グレイ）	1920 カールスバーグ社青の間のペンダントランプ 1921 スロッツホルムランプ 1924 タイプⅡA ペンダント／タイプⅡB ペンダント 　　モデルⅠ テーブル／モデルⅢ テーブル 1925 パリランプ 　　パリ万国博覧会デンマーク館の球形ランプ 1926 フォーラムランプ 　　3枚シェードのPHランプ 1929 オーフス駅到着ホールのPHランプ 　　PHセプティマ	1925 労働者会館の照明 1926 アントラの教会のキャンドル器具 　　コルピラハティのキャンドル器具 1929 A703 デスク 1929-32 標準仕様の照明器具
1930			
	1932 ビリア（ジオ・ポンティ） 1933 タリアセン（フランク・ロイド・ライト） 1936 カイザー・イデル 6631（クリスチャン・デル） 1937 ゼネラル・エレクトリック社より 　　蛍光灯の販売開始	1931 4枚シェードのPHランプ 1934 PHハーフグローブ 1936 PHグローブ	1933 モデル5301 デスク 　　パイミオのサナトリウムの照明 1935 ヴィープリの図書館の照明 1937 A330S ゴールデンベル 1939 マイレア邸書斎のペンダントランプ
1940		1941 PH蛍光灯／3枚シェードのプリーツランプ 1942 オーフス大学メインホールのスパイラルランプ 　　灯火管制用ランプ 1943 グラススウィーツ 　　球形のプリーツランプ	
	1947 グラスホッパー（グレタ・グロスマン） 　　リサ（リサ・ヨハンソン＝パッぺ）	1949 チボリランプ	
1950		1950s PHメタルグローブ	1950s A201 ペンダント／A203 ペンダント 　　A333 ターニップ／A702 デスク
	1950 ポテンス（ジャン・プルーヴェ） 1951 ザ・ワークショップランプ 　　（アクセル・ヴェデル・マッドセン） 1952 アカリ（イサム・ノグチ） 　　バブルランプ（ジョージ・ネルソン） 　　ランプ・ド・マルセイユ（ル・コルビュジエ）		1950 A338 ビルベリー 1951 A337 フライングソーサー 1952 A110 ハンドグレネード 1953 A331 ビーハイブ／A622 シーリング 1954 A330 ペンダント／A440 ペンダント 　　A805 エンジェルウイング
	1957 ヤコブソンランプ 　　（ハンス＝アウネ・ヤコブソン） 1959 ウォーレ（ヴィルヘルム・ウォラート） 　　和風照明 S7236（村野藤吾）	1955 オーフス劇場のダブルスパイラルランプ 1957 PHルーブル 1958 PH5／PHアーティチョーク 　　PHプレート／PHスノーボール	1956 A335 ペンダント／A808 フロア 1958 ヴォクセンニスカの教会のペンダントランプ 1959 A704 デスク／A809 フロア／ルイ・カレ邸の照明
1960	1960 ロッキ（ユキ・ヌンミ） 1962 アルコ（アッキレ＆ピエール・ジャコモ・ 　　カスティリオーニ） 1964 フォークランド（ブルーノ・ムナーリ） 1966 バルブ（インゴ・マウラー） 1969 VPグローブ（ヴェルナー・パントン）	1960 PHデンタルランプ 1962 PHコントラスト 1967 ヘニングセン死去	1960 セイナヨキの教会のペンダントランプ 1962 A111 ペンダント
1970	1971 172（ポール・クリスチャンセン）		
	1977 アトーロ（ヴィコ・マジストレッティ）		1976 アアルト死去
1980	1981 タヒチ（エットレ・ソットサス） 1983 トロメオ（ミケーレ・デ・ルッキ）		
1990			
	1996 白色LEDの開発 1997 ブロックランプ（ハッリ・コスキネン） 1998 グローボール（ジャスパー・モリソン）		
2000	2000 トーフ（吉岡徳仁） 2003 エニグマ（内山章一） 2005 カラヴァジオ（セシリエ・マンツ） 　　オクト 4240（セッポ・コホ）		

▼コーア・クリント	▼フィン・ユール	▼エリック・グンナール・アスプルンド
▼ヴィルヘルム・ラウリッツェン	▼ハンス・J・ウェグナー	▼エリック・ブリュッグマン
	▼アルネ・ヤコブセン	▼ヨーン・ウッツォン	▼ユハ・レイヴィスカ

1888 クリント誕生
　1894 ラウリッツェン誕生　　　　　　　　　　　　　　　　1885 アスプルンド誕生
　　　　　　　　　　　　　　　　　　　　　　　　　　　　　　1891 ブリュックマン誕生
　　　　　　1902 ヤコブセン誕生
　　　　　　　　　　　1912 ユール誕生
　　　　　　　　　　　　　1914 ウェグナー誕生
　　　　　　　　　　　　　　　1918 ウッツォン誕生

　　　　　　　1929 ベルビュー　　　　　　　　　　　　1928 ストックホルム市立図書館の照明

　　　　　　　　　　　　　　　　　　　　　　　　　　　　　　　　　　1936 レイヴィスカ誕生
　　　　　　　　　　　　　　　　　　　　　　　1937 イェーテボリ裁判所増築部の照明
　　1940s ラジオハウスの照明　　　　　　　　　1940 森の火葬場の照明
　　　　（VL45ペンダント、VL38テーブルほか）　　アスプルンド死去
　　　　　　1941 オーフス市庁舎の照明　　　　　　　　1941 復活礼拝堂の照明
1944 モデル101 ペンダント
　　　　　　　　　　　　　　　1947 チボリ

　　　　　　　　　　　　1952 国際連合本部ビル信託統治理事会会議場の
　　　　　　　　　　　　　　　ブラケットランプ
1954 クリント死去
　　　　　　　　　　　　　　　　　　　　　　　　　1955 ブリュックマン死去
　　　　　1956 ロドオウア市庁舎の照明
　　　　　1957 ムンケゴーランプ　　　　1957 U336 ペンダント
　　　　　1960 SASロイヤルホテルの照明（AJロイヤル、AJウォールほか）
　　　　　　　　　　　　1962 JH604 ザ・ペンダント
　　　　　　　　　　1963 二重シェードの照明器具
　　　　　　　　　　　　　　　　　　　　　　　　　　　1968 JL340 ペンダント
　　　　　　　　　　　　　　　　　　　　　　　　　　　1969 JL341 ペンダント
　　　　　1971 ヤコブセン死去　1970s オパーラ
　　　　　　　　　　　　　　　1976 ウェグナー　　　　1975 聖トーマス教会の照明

　　1984 ラウリッツェン死去　　　　　　　　　　　　　　1984 ミュールマキ教会の照明
　　　　　　　　　　1989 ユール死去
　　　　　　　　　　　　　　　　　　　　　　　　　　　1991 JL78 ペンダント
　　　　　　　　　　　　　　　　　　　　　　　　　　　1997 JL2P テーブル

　　　　　　　　　　　　　　2005 オペラ/コンサート　　2004 グッド・シェパード教会の
　　　　　　　　　　　2007 ウェグナー死去　　　　　　　　照明
　　　　　　　　　　　　2008 ウッツォン死去

事例・所在地リスト
Examples and Addresses

本書に掲載した主要な事例について、名称 / 設計者（表記なしは当該本人による設計）/ 竣工年 / 所在地を記す（非公開住宅の所在地は不記載）。

ポール・ヘニングセン

01　チボリ公園 / ゲオーウ・カーステンセン / 1843 / コペンハーゲン、デンマーク　→ p.66
　　Tivoli Gardens / Georg Carstensen / Vesterbrogade 3, 1630 Copenhagen, Denmark

02　ランゲリニエ・パヴィリオン / エヴァ＆ニルス・コッペル / 1958 / コペンハーゲン　→ p.78
　　Langelinie Pavillonen / Eva and Niels Koppel / Langelinie 10, 2100 Copenhagen

03　自邸 / 1937、2016 改修（ドラックマン建設設計事務所）/ ゲントフテ、デンマーク　→ p.14
　　Own House/（renovation : Drachmann Arkitekter）/Gentofte, Denmark

04　ヘンネ・メッレ川のシーサイドホテル / 1935 / ヘンネ、デンマーク　→ p.16
　　Henne Mølle Å Badehotel / Hennemølleåvej 6, 6854 Hennee, Denmark

05　オーフス駅 / K・T・セースト / 1927 / オーフス、デンマーク　→ p.58
　　Aarhus Central Station / K.T. Seest / Banegårdspladsen 1, 8000 Aarhus, Denmark

06　オーフス大学メインホール / C・F・メラー、カイ・フィスカー、パウル・ステーグマン / 1943 / オーフス　→ p.84
　　Main Hall, Aarhus University / C.F.Møller, Kay Fisker, Povl Stegmann / Nordre Ringgade 1, 8000, Aarhus

07　オーフス劇場 / 1900 / ハック・カップマン / オーフス　→ p.88
　　Aarhus Theatre / Hack Kampmann / Teatergaden, 8000 Aarhus

アルヴァ・アアルト

08　レストラン・サヴォイ / 1937 / ヘルシンキ、フィンランド　→ p.114
　　Restraunt Savoy / Eteläesplanadi 14, 00130 Helsinki, Finland

09　国民年金会館本館 / 1957 / ヘルシンキ　→ p.127、129、130、138、139、141、142
　　Social Insurance Institution Main Building/Nordenskiöldinkatu 12, 00250 Helsinki

10　労働者会館 / 1925 / ユヴァスキュラ、フィンランド　→ p.98
　　Workers' Club / Väinönkatu 7, 40100 Jyväskylä, Finland

11　サウナッツァロの村役場 / 1952 / ユヴァスキュラ　→ p.128
　　Säynätsalo Town Hall / Parviaisentie 9, 40900 Jyväskylä

12　ユヴァスキュラ教育大学 / 1971 / ユヴァスキュラ　→ p.129、152
　　Jyväskylä University / Seminaarinkatu 15, 40014 Jyväskylä

13　アントラの教会（改修）/ 1926 / アントラ、フィンランド　→ p.92
　　Anttola Church（renovation）/ Mikkelintie 14, 52100 Anttola, Finland

14　コルピラハティの教会（改修）/ 1927 / コルピラハティ、フィンランド　→ p.94
　　Korpilahti Church（renovation）/ Kirkkotie 1, 41800 Korpilahti, Finland

15　パイミオのサナトリウム / 1933 / パイミオ、フィンランド　→ p.102、136、140、143
　　Paimio Sanatorium / Alvar Aallontie 275, 21540 Paimio, Finland

16　マイレア邸 / 1939 / ノールマルック、フィンランド　→ p.118、143、144、146
　　Villa Mairea / Pikkukoivukuja 20, 29600 Noormarkku, Finland

17　セイナヨキ市庁舎 / 1965 / セイナヨキ、フィンランド　→ p.150
　　Seinäjoki City Hall/Koulukatu 21, 60100 Seinäjoki, Finland

18　ヴィープリの図書館 / 1935 / ヴィープリ、ロシア（元フィンランド）　→ p.106
　　Viipuri Library / pr. Suvorova, 4, Vyborg, Leningradskaya oblast', Russia（formerly, Finland）

19　ルイ・カレ邸 / 1959 / バゾーシュ・スュール・グィヨンヌ、フランス　→ p.120、126、136、143、144、145、148
　　 Maison Louis Carré / 2 Chemin du Saint-Sacrement, 78490 Bazoches-sur-Guyonne, France

20　マウント・エンジェル修道院の付属図書館 / 1970 / マウント・エンジェル、アメリカ　→ p.137
　　 Library for Mount Angel Benedictine Abbey / 1 Abbey Dr, St Benedict, Oregon, U.S.A.

コーア・クリント

21　デザインミュージアム・デンマーク（改修）/ 1926 / コペンハーゲン　→ p.156、160
　　 Designmuseum Danmark（renovation）/ Bredgade 68, 1260 Copenhagen

ヴィルヘルム・ラウリッツェン

22　ラジオハウス / 1945 / コペンハーゲン　→ p.166
　　 Radio House / Rosenørns Alle 22, 1970 Frederiksberg C, Copenhagen

アルネ・ヤコブセン

23　SAS ロイヤルホテル / 1960 / コペンハーゲン　→ p.182
　　 SAS Royal Hotel / Hammerichsgade 1, 1611 Copenhagen K

24　ロドオウア市庁舎 / 1956 / ロドオウア、デンマーク　→ p.188
　　 Rødovre City Hall / Rødovre Parkvej 150, 2610 Rødovre, Denmark

25　ムンケゴー小学校 / 1957 / ディッセゴー、デンマーク　→ p.186
　　 Munkegård Elementary School / Vangedevej 178, 2870 Dyssegård, Denmark

26　オーフス市庁舎 / アルネ・ヤコブセン、エリック・メラー / 1941 / オーフス　→ p.174
　　 Aarhus City Hall / Arne Emil Jacobsen, Erik Møller / Sønder Allé 2, 8000 Aarhus

フィン・ユール

27　フィン・ユール自邸 / 1942、1968 / クランペンボー、デンマーク　→ p.195、196
　　 Finn Juhl's House / Kratvænget 15, 2920 Charlottenlund, Denmark

28　国際連合本部ビル信託統治理事会会議場 / 1952 / ニューヨーク、アメリカ　→ p.192
　　 United Nations Trusteeship Council Chamber / 46th St & 1st Ave New York, NY 10017, U.S.A.

エリック・グンナール・アスプルンド

29　ストックホルム市立図書館 / 1928 / ストックホルム、スウェーデン　→ p.212
　　 Stockholm City Library / Sveavägen 73, 113 50 Stockholm, Sweden

30　森の火葬場 / 1940 / ストックホルム　→ p.214
　　 The Woodland Cemetery / Sockenvägen, 122 33 Stockholm

31　イェーテボリ裁判所増築 / 1937 / イェーテボリ、スウェーデン　→ p.210
　　 Göteborg Law Courts / Torggatan, 411 10 Göteborg, Sweden

エリック・ブリュッグマン

32　復活礼拝堂 / 1941 / トゥルク、フィンランド　→ p.220
　　 Resurrection Chapel / Hautausmaantie 21, 20720 Turku, Finland

ユハ・レイヴィスカ

33　グッド・シェパード教会 / 2004 / ヘルシンキ　→ p.227、230
　　 Church of the Good Shepherd / Palosuontie 1, Helsinki

34　34　ミュールマキ教会 / 1984 / ヴァンター、フィンランド　→ p.228
　　 Myyrmäki Church / Uomatie 1, Vantaa, Finland

35　35　聖トーマス教会 / 1975 / オウル、フィンランド　→ p.226
　　 St. Thomas Church / Mielikintie 3, 90550 Oulu, Finland

参考文献
References

■ポール・ヘニングセン
- [01] Light Years Ahead: The Story of The PH Lamp, Tina Jørstian, Poul Erik Munk Nielsen, Louis Poulsen, 1994
- [02] NYT、ルイスポールセン社広報誌、1941年9月創刊号～2009年10月588号
- [03] 79 PH-lamper, Gregers Mansfeldt, 2011
- [04] PH's eget hus, Jørgen Guldberg, Readania By & ByGKlubben, 2016
- [05] Henne Mølle Å Badehotel, Arne Frederiksen & H. C. Kiilerich- Hansen (Editor), Firma-Funktionærerne, 1997
- [06] Belysningens Konst, Poul Henningsen, FORM, 1946.1, pp.15-20
- [07] P.H.s Dragebog for børn fra 8-128 år, Poul Henningsen, Chr. Erichsens Forlag, 1955
- [08] The Bauhaus Shines: The Dessau Bauhaus Buildings and The Light, Wolfgang Thoener, Seemann E.a., 2006
- [09] ポウル・ヘニングセン、荒谷真司、北欧文化事典、北欧文化協会（編）、バルト＝スカンディナヴィア研究会（編）、北欧建築・デザイン協会（編）、丸善、2017
- [10] 機能のための造形　ルイスポールセン社のPH5、島崎信、コンフォルト、2004年6月号(no.77)、建築資料研究社
- [11] エロス絵画集《北欧版》、オーヴ・ブリュセンドルフ、ポール・ヘニングセン、二見書房、1968

■アルヴァ・アアルト
- [12] Golden Bell and Beehive: Light Fittings Designed by Alvar and Aino Aalto, Katarina Pakoma (Editor), Alvar Aalto Museum, 2002
- [13] Alvar Aalto Designer, Alvar Aalto Foundation, Alvar Aalto Museum, 2002
- [14] Alvar & Aino Aalto. Design: Collection Bischofberger, Thomas Kellein (Editor), Hatje Cantz, 2005
- [15] Alvar Aalto: Objects and Furniture Design by Architects, Sandra Dachs, Laura García Hintze, Ediciones Poligrafa, 2007
- [16] Elevating The Everyday: The Social Insurance Institution Headquaters designed by Alvar Aalto its 50th anniversary, The Social Insurance Institution of Finland, Helsinki, 2007
- [17] Alvar Aalto: The Complete Catalogue of Architecture, Design & Art, Göran Schildt, Rizzoli, 1994
- [18] The Architectural Drawings of Alvar Aalto 1917-1930: In Eleven Volumes (Garland Architectural Archives), Alvar Aalto, Goran Schildt, Alvar Aallon Arkisto, Suomen Rakennustaiteen Museo, Routledge, 1994
- [19] Maison Louis Carré 1956-63 (Alvar Aalto Architect vol.20), Esa Laaksonen (Editor), Alvar Aalto Foundation/ Alvar Aalto Academy, Archival work Alvar Aalto Museum, 2009
- [20] アルヴァー・アールト　エッセイとスケッチ（新装版）、ヨーラン・シルツ（編）、吉崎恵子（訳）、鹿島出版会、2009
- [21] 白い机（全3巻）、ヨーラン・シルツ（編）、田中雅夫（訳）、田中智子（訳）、鹿島出版会、1989、1992、1998
- [22] アルヴァ・アアルト、武藤章、鹿島出版会、1969
- [23] アルヴァ・アアルト作品集（全3巻）、カール・フライク、エリッサ・アアルト、武藤章（訳）、A.D.A. EDITA Tokyo、1979
- [24] アルヴァ・アアルト　もうひとつの自然、和田菜穂子（編）、国書刊行会、2018
- [25] アルヴァル・アールト　光と建築、小泉隆、プチグラパブリッシング、2013
- [26] アルヴァ・アールト　エレメント＆ディテール、小泉隆、学芸出版社、2018

■コーア・クリント
- [27] Le Klint: Design-Håndværk-Historie, Mette Strømgaard Dalby, Le Klint, 2008
- [28] Influences from Japan in Danish Art and Design 1870-2010, Mirjam Gelfer-Jørgensen,The Danish Architectural Press, 2013

■ヴィルヘルム・ラウリッツェン
- [29] Vilhelm Lauritzen: A modern Architect, Jens Bertelsen, Lisbet Balslev Jœrgensen, Jœrgen Sestoft, Morten Lund, Bergiafonden Aristo, 1994

■アルネ・ヤコブセン
- [30] Arne Jacobsen: Public Buildings (2G Books), Felix Solaguren-Beascoa, Gustavo Gili, 2005
- [31] Room 606: The SAS House and the Work of Arne Jacobsen, Michael Sheridan, Phaidon Press, 2003
- [32] Arne Jacobsen, Carsten Thau, Kjeld Vindum, The Danish Architectural Press, 2002

■フィン・ユール
- [33] Finn Juhl and His House, Finn Juhl, Per H. Hansen, Birgit Lyngbye Pedersen, Hatje Cantz, 2014
- [34] Fin Juhl: Furniture, Architecture, Applied Art, Esbjørn Hiort, The Danish Architectural Press, 1990
- [35] Finn Juhl at the UN: A Living Legacy, Karsten R. S. Ifversen, Birgit Lyngbye Pedersen, Strandberg Publishing, 2013

■ハンス・J・ウェグナー
- [36] Hans J. Wegner: Just One Good Chair, Christian Holmstedt Olesen, Hatje Cantz, 2014

■ヨーン・ウッツォン
- [37] Jørn Utzon: Drawings and Buildings, Michael Asgaard Andersen, Princeton Architectural Press, 2013

■エリック・グンナール・アスプルンド
- [38] Gunnar Asplund's Gothenburg: The Transformation of Public Architecture in Interwar Europe, Nicholas Adams, Penn State University Press, 2014
- [39] Asplund, Claes Caldenby, Olof Hultin, Gingko Press, 1997

■エリック・ブリュッグマン
- [40] Erik Bryggman 1891-1955: Architect, Riitta Nikula, Museum of Finnish Architecture, 1991
- [41] Architect Erik Bryggman: Works, Mikko Laaksonen, Rakennustieto Publishing, 2016

■ユハ・レイヴィスカ
- [42] Juha Leiviskä, Marja-Riitta Norri, Kristiina Paatero, the Museum of Finnish Architecture, 1999

■その他
- [43] A Century of Danish Lighting (poster), DANSK MØBEL KUNST
- [44] ストーリーのある50の名作照明案内、萩原健太郎、スペースシャワーネットワーク、2019
- [45] 闇をひらく光〈新装版〉　19世紀における照明の歴史、ヴォルフガング・シヴェルブシュ、小川さくえ（訳）、法政大学出版局、2011（初版1988）
- [46] 光と影のドラマトゥルギー　20世紀における電気照明の登場、ヴォルフガング・シヴェルブシュ、小川さくえ（訳）、法政大学出版局、1997
- [47] にほんのあかり、山際照明造形美術振興会、1974
- [48] あかりのフォークロア、照明文化研究会（編）、柴田書店、1976
- [49] 日本古燈器大観、石川芳次郎（編）、照明學会、1931
- [50] 陰翳礼賛、谷崎潤一郎、角川学芸出版、2014（初版1933）

あとがき

　本書は、20世紀を代表する北欧の建築家・デザイナー11名を対象に、その照明デザインと空間における光の扱い方についてまとめたものである。以下、その経緯について、ここに記しておきたい。

　冒頭を飾るポール・ヘニングセンについては、ルイスポールセン社の全面的な協力を得て、彼の照明デザインについて詳細かつ網羅的に記されている書籍『Light Years Ahead』(ルイスポールセン刊、1964年)より、要約的内容および数多くの図版を掲載する許可をいただいた。さらには、1941年から2009年まで刊行された機関紙『NYT』の貴重なバックナンバーも提供いただいている。加えて、荒谷真司氏ならびに島崎信氏による関連文献も参考にさせていただいた。そしてそれらをもとに、オーフス大学、オーフス劇場、チボリ公園などの著者独自の現地調査の内容を盛り込みながらまとめた。

　続くアルヴァ・アアルトに関しては、これまで実施してきた建築調査の際に撮影した照明器具の写真を中心に、アルテック社の工場の現地調査などを加えてまとめている。なお、Alvar Aaltoのカタカナ表記については、拙著も含め日本では様々な表記が混在しているが、近年アルヴァ・アアルト財団およびアルテック社では「アルヴァ・アアルト」の表記を推奨しており、本書でもその表記を採用している。

　コーア・クリントについては、レ・クリント社より刊行されている書籍『Le Klint』(2008年)と現地の工房調査などを中心に記述している。一方、フィン・ユール、ハンス・J・ウェグナー、ヨーン・ウッツォンに関しては、彼らがデザインした器具が実際に使用されている事例で体験できるものが少なかったため、書籍やメーカーのカタログを中心にまとめた。残るヴィルヘルム・ラウリッツェン、アルネ・ヤコブセン、エリック・グンナール・アスプルンド、エリック・ブリュッグマン、ユハ・レイヴィスカについては、著者による現地調査を中心に各事例を紹介している。なお、アスプルンドの森の火葬場における「諸聖人の日」の貴重な写真は、照明デザイナーの遠藤香織氏からお借りした。

　本書の各所で登場する照明器具の断面模型は、九州産業大学小泉隆研究室で製作したものである。実際の器具とは三次元的な光の広がりや素材による光の拡散・反射性状などが多少異なるが、器具内部の構造や光の経路などを知る上で有効であり、ここに掲載することとした。

　本書ができあがるまでには、多くの方々にお世話になった。紙面の都合により巻末にまとめて記載させていただいたが、心よりお礼を申し上げたい。なかでも10年近くにもわたり本企画にお付き合いいただいたルイスポールセン社とアルテック社の協力がなければ、本書は実現しなかったであろう。また、本書の執筆・編集と並行して、「デンマークの灯り展」(九州産業大学美術館、2018年9月8日〜10月21日)と「北欧の灯り展」(東京リビングセンターオゾン、2019年7月4日〜7月30日)の二つの展覧会を開催したが、その企画が本書の内容にも多分に反映されている。展覧会関係者の皆様にもお礼を述べたい。

　最後に、本書が北欧の照明デザインや灯りの文化を学ぶきっかけとなるとともに、日本における照明デザインの発展と灯りの文化の再発見につながることを期待している。

2019年7月　小泉隆

小泉 隆　Takashi Koizumi

九州産業大学建築都市工学部住居・インテリア学科教授。博士（工学）。1964 年神奈川県横須賀市生まれ。1987 年東京理科大学工学部建築学科卒業、1989 年同大学院修了。1989 年より東京理科大学助手、1998 年 T DESIGN STUDIO 共同設立、1999 年より九州産業大学工学部建築学科。2017 年 4 月より現職。2006 年度ヘルシンキ工科大学（現：アアルト大学）建築学科訪問研究員。主な著書に『アルヴァ・アールトの建築　エレメント＆ディテール』『北欧の建築　エレメント＆ディテール』（以上、学芸出版社）、『北欧のモダンチャーチ＆チャペル　聖なる光と祈りの空間』（バナナブックス）、『フィンランド　光の旅北欧建築探訪』『アルヴァル・アールト　光と建築』（以上、プチグラパブリッシング）など。

協力
ルイスポールセン、アルテック、レ・クリント、スキャンデックス、パンダル、デニッシュインテリアス、リビングデザインセンター OZONE、九州産業大学美術館

北欧の照明　デザイン＆ライトスケープ

2019 年 9 月 5 日　初版第 1 刷発行

著者 ················· 小泉隆
発行者 ··············· 前田裕資
発行所 ··············· 株式会社学芸出版社
　　　　　　　　　京都市下京区木津屋橋通西洞院東入
　　　　　　　　　電話 075-343-0811　〒600-8216
　　　　　　　　　http://www.gakugei-pub.jp/
　　　　　　　　　E-mail　info@gakugei-pub.jp

編集 ················· 小泉隆、宮本裕美・森國洋行（学芸出版社）
デザイン ············· 凌俊太郎（SATISONE）
図版・模型作成 ······· 日髙暢子（九州産業大学建築都市工学部住居・インテリア学科助手）、吉村祐樹（同助教）、北原さやか、酒匂悠花、柴田智帆、中野壮馬（以上、同学科生）
日本語読み監修 ······· リセ・スコウ (Lise Schou)
印刷・製本 ··········· シナノパブリッシングプレス

©Takashi Koizumi 2019 Printed in Japan
ISBN978-4-7615-3249-9

JCOPY　《(社)出版者著作権管理機構委託出版物》

本書の無断複写（電子化を含む）は著作権法上での例外を除き禁じられています。複写される場合は、そのつど事前に、(社)出版者著作権管理機構（電話 03-5244-5088、FAX 03-5244-5089、e-mail: info@jcopy.or.jp）の許諾を得てください。
また本書を代行業者等の第三者に依頼してスキャンやデジタル化することは、たとえ個人や家庭内での利用でも著作権法違反です。